GAODENG JIAOYU TUJIANLEI ZHUANYE
ZONGHE SHIXUN XILIE JIAOCAI

高等教育土建类专业综合实训系列教材

建筑工程测量综合实训

主编 王小荣 陈 伟 副主编 李勋峰 耿 健

重庆大学出版社

内容提要

全书共分3部分，第1部分为测量实训须知，主要介绍测量实训中的相关要求和规定，包括测量实验仪器借用、使用以及维护要点，实训数据记录与资料整理方法等。第2部分为测量实训项目，包含了水准仪、经纬仪、全站仪、GNSS接收机等仪器在测量实训中的使用，共列出了24个相关实训项目；实训项目后附有相应的习题供学生预习和复习。第3部分为测量综合实训，主要包括大比例尺地形图测绘和道路工程测绘两个部分。

本书为高等学校土木工程、道路桥梁与渡河工程、工程管理、交通工程、城市规划等专业测量学课程实训的教学辅助用书，也可以供相关专业工程技术人员参考。

图书在版编目(CIP)数据

建筑工程测量综合实训/王小荣，陈伟主编. —重庆：重庆大学出版社，2016.9

高等教育土建类专业综合实训系列教材

ISBN 978-7-5689-0014-0

Ⅰ.①建… Ⅱ.①王… ②陈… Ⅲ.①建筑测量—高等学校—教材 Ⅳ.①TU198

中国版本图书馆CIP数据核字(2016)第185101号

高等教育土建类专业综合实训系列教材

建筑工程测量综合实训

主　编　王小荣　陈　伟

副主编　李勋峰　耿　健

责任编辑：肖乾泉　　版式设计：肖乾泉

责任校对：贾　梅　　责任印制：赵　晟

*

重庆大学出版社出版发行

出版人：易树平

社址：重庆市沙坪坝区大学城西路21号

邮编：401331

电话：(023) 88617190　88617185(中小学)

传真：(023) 88617186　88617166

网址：http://www.cqup.com.cn

邮箱：fxk@cqup.com.cn (营销中心)

全国新华书店经销

万州日报印刷厂印刷

*

开本：787mm×1092mm　1/16　印张：10.75　字数：222千

2016年9月第1版　2016年9月第1次印刷

印数：1—2 000

ISBN 978-7-5689-0014-0　定价：24.00元

前言

工程测量是土木建筑类、水利工程类专业的专业必修课程，对实践实训具有较高的要求。工程测量实训是工程测量课程学习的重要实践环节，工程测量实习实训则是本、专科学生重要的综合性实践环节，在相关专业人才培养中具有非常重要的地位。

工程测量（测量学）是一门实践性非常强的专业技术基础课，测量实训是让学生在学习测量学理论知识的基础上，通过课堂实训，掌握测量仪器的操作和使用，培养实际动手能力，进一步理解、巩固和拓宽测量理论和实践知识，培养和提高理论联系实际及知识的综合应用能力，既作为工程测量理论课程教学的重要补充，又为测量综合实训课程培养基础。

测量综合实训是土木工程等相关专业在工程测量（测量学）课程完成后，在指定实习场地集中进行的测绘实践实训教学活动，是各项测量实训的综合应用，同时也是巩固和深化课堂知识、培养实践动手能力的重要环节。通过综合实训，学生能够了解基本测绘工作的全过程，系统地掌握测量常用仪器操作、施测计算、地形图绘制、施工放样等基本技能，为今后从事相关专业工作或解决有关测量实际问题打下良好的基础。

本实训教程第二部分包括 24 个测量实训项目，其中，验证性实训 22 个，演示性实训 2 个，既包括了传统测绘技术，又包括了测绘新设备、新技术、新方法的运用，涵盖了《测量学》课程的水准测量、角度测量、距离测量与直线定向、全站仪及 GNSS 的使用；基于全站仪在工程应用中的重要性，扩充了全站仪测绘实训内容。第 3 部分包括 2 项测量综合性实训，为小地区大比例尺地形测量和道路施工测量等实践性教学环节；为在实训中能更真实模拟实际工程测量的特点，教程中还引入了局部区域测绘控制网。

本教程将实训指导和实训报告合二为一，各实训项目都编制了统一、规范的记录和计算表格，有利于使学生养成规范的测量记录习惯；并在每个实训指导和实训报告之间增加一定数量的习题，以便于学生在学习过程中进行预习和复习。

全书由王小荣和陈伟统稿，编写过程中得到了相关院校测量老师的大力支持和帮助，他们为本教材提出了许多宝贵意见，在此表示衷心的感谢。

本书若有不妥之处，欢迎批评指正。

编　者

2016 年 4 月

目录

第1部分　测量实训须知 …… 1

第2部分　测量实训指导 …… 6

实训1　水准仪的认识与使用 …… 7

实训2　普通水准测量 …… 12

实训3　四等水准测量 …… 17

实训4　水准仪检验及校正 …… 25

实训5　自动安平水准仪的认识和使用 …… 30

实训6　DJ_6 光学经纬仪的认识及使用 …… 34

实训7　水平角观测(方向法观测) …… 40

实训8　测回法测水平角 …… 44

实训9　竖直角测量 …… 48

实训10　视距测量 …… 52

实训11　光学及电子经纬仪的检验与校正 …… 56

实训12　钢尺量距与用罗盘仪测定磁方位角 …… 62

实训13　全站仪的认识与使用(Ⅰ) …… 66

实训14　全站仪的认识与使用(Ⅱ) …… 80

实训15　三角高程测量 …… 84

实训16　经纬仪测绘地形图 …… 87

实训17　数字测图野外数据采集(一个测站的碎部测量) …… 90

实训18　数字地图绘制 …… 93

实训19　土地平整测量外业 …… 96

实训20　土地平整土方计算 …… 100

实训21　建筑物轴线放样与高程测设 …… 104

实训 22　高程与坡度线测设 …… 107
实训 23　圆曲线测设 …… 110
实训 24　GNSS 接收机的认识与使用 …… 117

第 3 部分　测量综合实训 …… 126
综述 …… 127
综合实训 1　小区域大比例尺地形测绘 …… 129
综合实训 2　道路工程测绘 …… 135
成绩考核 …… 141

附录 …… 142
实训数据记录表 …… 142
附表 1　控制点成果表 …… 143
附表 2　水准测量记录表 …… 144
附表 3　水准测量成果计算表 …… 145
附表 4　水平角观测记录表 …… 146
附表 5　全站仪导线测量记录表 …… 147
附表 6　导线坐标计算表 …… 148
附表 7　碎部测量(全站仪)记录表 …… 149
附表 8　碎部测量(经纬仪)记录表 …… 150
附表 9　四等水准测量记录表 …… 151
附表 10　全站仪坐标测设记录表 …… 154
附表 11　点位平面测设计算表 …… 155
附表 12　点位平面测设检核表 …… 156
附表 13　高程测设记录表 …… 157
附表 14　圆曲线测设计算表 …… 158
附表 15　圆曲线详细测设数据 …… 159
附表 16　纵断面测量记录表 …… 160
测量综合实训总结 …… 163

参考文献 …… 166

第 1 部分　测量实训须知

1. 测量实训的目的

测量学是一门实践性很强的专业技术基础课，测量实训是让学生在学习测量学理论知识的基础上，通过测量实训，掌握测量仪器的操作和使用，培养实际动手能力，进一步理解、巩固和拓宽测量理论和实践知识，培养和提高理论联系实际及知识的综合应用能力。

2. 仪器及工具的借用

①每次实验所需仪器及工具均在相应的实验指导内容中写明，学生应以小组为单位，在上课前向测量仪器室借取。

②借领时，各组依次由 1 ~2 人进入室内，领出仪器后应进行清点，检查仪器和工具，然后在登记表上填写班级、组号及日期。借领人签名后将登记表交管理人员。

③实训过程中，各组应妥善保护仪器、工具。各组间不得任意调换仪器、工具。若有损坏或遗失，视情节照章处理。

④实训完毕后，应将所借用的仪器、工具上的泥土清理干净再交还给仪器室，由管理人员检查验收后消除借领手续。

3. 测量仪器、工具的正确使用和维护

(1)领取仪器时必须检查的项目

①仪器箱盖是否关妥、锁好。

②背带、提手是否牢固。

③脚架与仪器是否匹配，脚架各部分是否完好，脚架腿伸缩处的连接螺旋是否滑丝。要防止脚架未架牢而摔坏仪器，或因脚架不稳而影响作业。

(2)打开仪器箱时的注意事项

①仪器应平放在地面或其他稳固的台面上才能开箱，不要托在手上或抱在怀里开箱，以免将仪器摔坏。

②开箱后未取出仪器前，要注意仪器安放的位置和方向，以免上一次用完装箱时因安放位置不正确而损坏仪器。

(3)从仪器箱内取出仪器时的注意事项

①不论何种仪器，在取出和安装前一定要先放松制动螺旋，以免取出仪器时因强行扭转而损坏制动螺旋、微动装置，甚至轴系。

②自箱内取出仪器时，应一手握住照准部支架，另一手扶住基座部分，轻拿轻放，不要用一只手抓仪器。

③自箱内取出仪器后，要随即将仪器箱盖好，以免沙土、粉尘、杂草等杂物进入箱内，同时防止搬动仪器时丢失仪器箱内附件。

④取仪器和仪器的使用过程中，要注意避免触模仪器的目镜、物镜，以免玷污，影响成像质量。不允许用手指或手帕等擦拭仪器的目镜、物镜等光学部分。

(4)架设仪器时的注意事项

①伸缩式脚架三条腿抽出后，要把固定螺旋拧紧，但不可用力过猛而造成螺旋滑丝。要防止因螺旋未拧紧而使脚架自行收缩摔坏仪器。脚架三条腿的长度要适中。

②架设脚架时，三条腿分开跨度要适中，并得太拢容易碰到，分得太开容易滑开，造成仪器摔坏事故。若在斜披上架设仪器，应使两条腿在坡下(可稍放长)，一条腿在坡上(可稍缩短)。若在光滑地面上架设仪器，要采取安全措施(如用细绳将三脚架连接起来)，防止脚架滑动而摔坏仪器。

③在脚架安放稳妥并将仪器放到脚架上后，要立即旋紧仪器和脚架间的中心连接螺旋，避免仪器从脚架上掉下摔坏。

④仪器箱为装存仪器专用，不能承重，禁止蹬、坐仪器箱。

(5)仪器使用过程中的注意事项

①阳光下或雨天作业时，必须撑伞，防止日晒或雨淋(包括仪器箱)。

②任何时候仪器旁必须有人守护。

③如遇目镜、物镜外表面蒙上水汽而影响观测，应稍等一会或用纸片扇风使水汽散发，切勿用手帕等擦拭，以免细微的沙粒擦伤镜面。

④操作仪器时，用力要均匀，动作要准确、轻捷。用力过大或动作太猛都会对仪器造成损伤。

⑤仪器用毕装箱前，要放松各制动螺旋，装入箱内要试盖一下，确认安放位置正确无误。

⑥清点箱内附件，若无缺失则将箱盖盖上、扣紧、锁好。

⑦仪器使用过程中碰到问题，不得私自处置，应及时报告指导老师。

4. 测量资料的记录要求

观测记录必须直接填在规定的表格上，不得用其他纸张记录再行转抄。

①所有记录与计算均用铅笔(2H 或 HB)记载。字体端正清晰，字高应稍大于格子的一半。一旦记录出现错误，可在留出的空隙处对错误的数字进行更正。

②观测和记录时，记录者应将所记数字回报给观测者，核对无误，以防听错、记错。

③禁止擦拭、涂改及挖补。发现错误应在错误处用横线画去，将正确的数字写在原数上方，不得使原数字模糊不清。淘汰某个部分时可用斜线画去，保持被淘汰数字清晰可见。

④禁止连环更改。若已修改了平均数，则不准再改计算得此平均数之任一原始数。已改正了一个原始读数，则不准再改其平均数。假如两个读数均错误，则应重测、重记。

⑤原始观测的尾部读数不许更改，应将该部分观测结果废去重测。原始测量数据不许更改和应废去重测的范围见表1规定。

表1　原始数据记录要求

测量内容	不许更改的部位	应重测的范围
水平角	分及秒的读数	一测回
竖直角	分及秒的读数	一测回
量距	厘米及毫米的读数	一尺段
水准	厘米及毫米的读数	一测站

⑥外业数据记录及计算取位要求见表 2 ~ 表 4。例如,水准测量中读数 582 mm,应记 0582;角度测量中 5° 6′6″,应记 5°06′06″。

表 2 外业数据记录取位要求

测量内容	数字的单位	记录数字
水准	毫米	4 位
角度的分	分	2 位
角度的秒	秒	2 位

表 3 水准测量

视距/m	视距总和/km	中丝读数/mm	高差中数/mm	高差总和/mm
1.0	0.01	1.0	0.1	1.0

表 4 角度测量

读数(″)	一测回中数(″)
1.0	1.0

5. 测量的有效数字

有效数字:对没有小数位且以若干个零结尾的数值,从非零数字最左一位向右数得到的位数减去无效零的个数;对其他十进位的数,从非零数字最左一位向右数而得到的位数就是有效位数。通俗而言,数据的有效位数就是从该数左方第一个非零数字算起到最末一个数字(包括零)的个数,它不取决于小数点的位置。

实际测量中,有效数字指实际能够测量到的数字,包括最后一位估计的不确定数字。一般把能直接读取获得的准确数字称为可靠数字;估读得到的数字称为存疑数字。测量结果中能够反映被测量大小的带有一位存疑数字的全部数字称为有效数字。

注意,测量中的数字与数学上的数字是有区别的。例如,数学中:7.25 = 7.250 = 7.250 0,而测量中的 7.25≠7.250≠7.250 0。

(1)有效数字与不确定度的关系

有效数字的末位是估读数字,存在不确定性。一般情况下,不确定度的有效数字只取一位,其数位即是测量结果的存疑数字的位置。有时,不确定度需要取两位数字,其最后一个数位才与测量结果的存疑数字的位置对应。由于有效数字的最后一位是不确定度所在的位置,因此有效数字在一定程度上反映了测量值的不确定度(或误差限值)。测量值的有效数字位数越多,测量的相对不确定度越小;有效数字位数越少,相对不确定度就越大。因此,有效数字可以粗略反映测量结果的不确定度。

(2)有效数字的舍入规则

①当保留 n 位有效数字时,若 n 位后面的数字小于第 n 位单位数字的0.5就舍掉。

②当保留 n 位有效数字时,若后面的数字大于第 n 位单位数字的0.5,则第 n 位数字进1。

③当保留 n 位有效数字时,若后面的数字恰为第 n 位单位数字的0.5,则第 n 位数字为偶数时就舍掉后面的数字,为奇数时就进1(或称为奇进偶不进)。

例如,将以下数据保留3位有效数字:68.77 = 68.8,58.03 = 58.0,66.25 = 66.2,28.15 = 28.2。

第2部分　测量实训指导

测量实验实训是《测量学》课堂教学期间讲授相应理论课程以后安排的实践性教学环节。通过测量实训，加深对测量基本概念的理解，初步掌握测量工作的实际操作技能，也为课程后续内容的学习打好基础。本部分列出24个测量实训项目，其先后顺序基本按照《测量学》学习的次序安排。实训项目应由指导教师在布置实训课任务时通知实训的内容和要求。

测量实训的学时数根据实训的难易程度，各实训项目安排为2学时或3学时，实训小组人数一般为4人，但也应根据实训的具体内容以及仪器设备条件作灵活安排，以保证每个学生都能进行观测、记录、做辅助工作等实践。每个实验项目内所附的测量记录表格，应在观测时当场记录，并进行必要的计算，实验结束时上交。

实训1　水准仪的认识与使用

1. 目的与要求

①了解 DS_3 水准仪的基本构造、各部件名称及作用。

②学会使用圆水准器粗略整平仪器、瞄准目标、消除视差和读数。

③学会测量两点间的高差，小组成员所测相同点高差不大于5 mm。

2. 计划与设备

①实训课时为2学时。

② DS_3 水准仪1套、三脚架1个、水准尺1对、记录板1块。

3. 方法与步骤

1) 认识仪器

指出仪器各部件的名称，熟悉其作用及使用方法，如图1所示。学会使用水准尺读数，如图2所示，图2的读数为1.464。

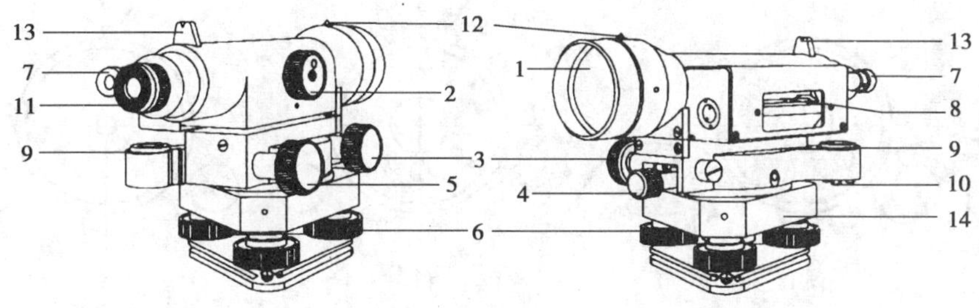

图1　DS_3 型微倾水准仪

1—物镜；2—物镜调焦螺旋；3—微动螺旋；4—制动螺旋；5—微倾螺旋；6—脚螺旋；7—符合气泡观察窗；8—水准管；9—圆水准器；10—圆水准器校正螺丝；11—目镜；12—准星；13—照门；14—轴座

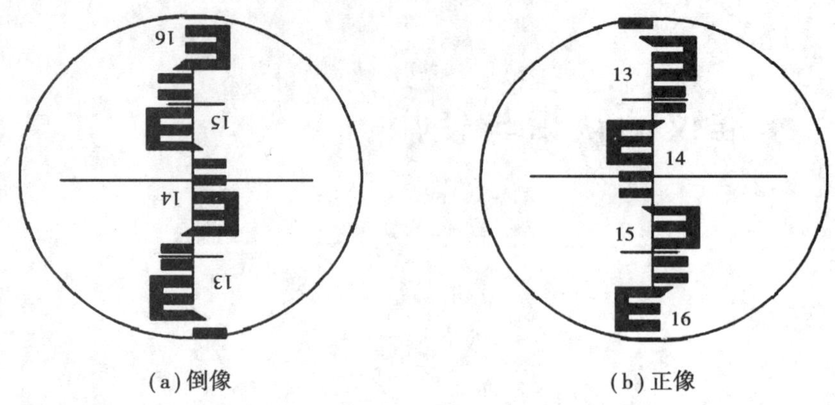

(a)倒像　　(b)正像

图2　水准尺读数示意图

2)实验步骤

(1)安置仪器

旋开脚架伸缩螺旋,将脚架架头提升至肩膀高度,拧紧脚架伸缩螺旋,将脚架张开安置于地面,使3个脚尖形成等边三角形,脚架高度至胸部,目估架头大致水平,将脚尖踩实,开箱取出水准仪,将水准仪固定在三脚架上。

(2)粗略整平

通过调节脚螺旋使气泡居中,如图3所示,先用双手同时向内(或向外)转动一对1、2脚螺旋,使圆水准气泡移动到第三个脚螺旋3与1、2脚螺旋中心连线的方向上,再转动第三只脚螺旋3使圆气泡居中,通常需反复进行直至圆气泡居中。注意气泡移动的方向与左手拇指运动的方向一致。

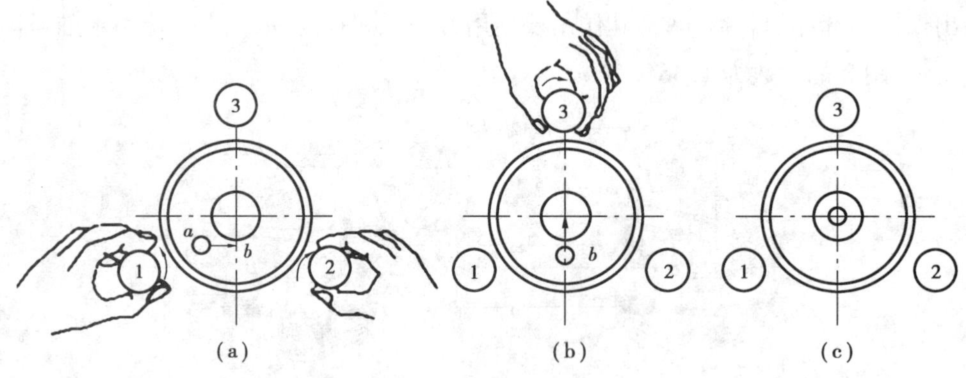

(a)　(b)　(c)

图3　水准仪粗平示意图

(3)瞄准水准尺

司尺员立水准尺于水准点上,司仪员转动仪器,用望远镜瞄准器粗略瞄准水准尺,固定制动螺旋;旋转水平微动螺旋使水准尺大致位于视场中央。消除视差,转动目镜对光螺旋进行调焦,使十字丝分划清晰;再转动物镜对光螺旋使水准尺成像清晰;如果调焦不到位,就会使尺子成像与十字丝分划平面不重合,应反复进行目镜调焦螺旋与物镜对光螺旋调整,直至看清水准尺影像。转动水平微动螺旋,使十字丝竖丝平分水准尺。

(4)精平

调节微倾螺旋使符合水准器气泡居中,两侧的影像吻合,形成一弧状。

(5)读数

用中丝在水准尺上读取 4 位读数,即 m、dm、cm 及 mm 位。读数时应先估出 mm 数,然后按 m、dm、cm 及 mm,一次读出 4 位数。

(6)测定地面两点间的高差

①在地面选定两个较坚固的点 A、B,两点距离 50 m 左右。

②在 A、B 两点间安置水准仪,使仪器至 A、B 两点的距离大致相等。

③在 A 点上竖立水准尺,瞄准 A 点水准尺,精平后读数,此为后视读数,记入表 5 中“后视”读数栏。

④再在点 B 竖水准尺,瞄准点 B 上的水准尺,精平后读取前视读数,记入表 5 中“前视”读数栏。

⑤计算 A、B 两点间的高差:

$$\text{高差} = \text{后视读数} - \text{前视读数}$$

4. 注意事项

①操作仪器时,转动各个螺旋时用力要轻。微动螺旋和微倾螺旋不要旋转到极限,应保持在适中的位置。

②读中丝读数前一定要消除视差,水准管气泡要严格居中。

③读数时,切忌身体各部位接触仪器。

④读数时必须读 4 位数,即 m、dm、cm、mm,记录时以 m 为单位,如 1.430 m。

5. 实训记录与计算

每人填写水准测量记录表(表 5)。

表5　普通水准测量记录表

日期：＿＿＿＿＿＿　天气：＿＿＿＿＿＿　班级：＿＿＿＿＿＿　组别：＿＿＿＿＿＿

观测：＿＿＿＿＿＿　记录：＿＿＿＿＿＿　仪器编号：＿＿＿＿＿＿

测　站	点　号	水准尺读数/m		高差/m		高程/m	备　注
		后视 a	前视 b	+	−		
计算校核	$\sum$						
	$\sum a - \sum b$						

6. 习题

(1)水准仪由________、________、________ 3 部分组成。

(2)DS_3水准仪,D 代表______,S 代表______,3 代表____。

(3)安置三脚架时,3 只脚尖在平坦地面上大致成____________,三脚架顶面大致成____________。安装仪器后,转动____________使圆水准器泡居中,转动____________精确照准水准尺,转动____________消除视差,转动____________使符合水准气泡居中,最后读数。

(4)水准尺的最小刻划为____________,水准测量的读数有____________位。

(5)水准测量读数时,最后一位是怎样读取的?什么叫前、后视?

(6)微倾式水准仪在读数之前,是否每次都要将水准管气泡居中?为什么?

实训2　普通水准测量

1. 目的与要求

①熟悉水准路线的布设形式。

②进行一条闭合水准路线的观测(至少观测4个测站)。

③掌握普通水准测量的施测、记录、计算及闭合差调整和高程计算的方法。本次测量合格后,进行闭合差的调整和高程推算。

④视线长度应小于100 m。

⑤高差容许闭合差$f_{h容}=\pm 40\sqrt{L}$ mm,L为路线长度,以km为单位;或$f_{h容}=\pm 12\sqrt{n}$ mm,n为测站数。

2. 计划与设备

①实训课时为2学时。

②微倾式DS_3水准仪1台、三脚架1个、水准尺1对、尺垫2个、记录板2块。

3. 方法与步骤

①在实训场地选一固定点BM,设BM点为已知高程点,以BM为起始点,再选4个转点A、B、C、D组成一条闭合路线。安置仪器于BM点和A点之间,目估前、后视距离大致相等。

②粗略整平水准仪,在BM点上竖水准尺,作为后视,精平后消除视差读取后视读数,记入表6“后视”栏;在A点上竖水准尺,作为前视,精平后读取前视读数,记入表6“前视”栏,此后、前视组成一个测站。

③搬水准仪至A、B两点间,精平水准仪后读A点读数,此读数即为第2测站后视读数,再在B点竖水准尺作为该测站前视,B点读数即为第2测站前视读数。沿选定的路线,水准仪和水准尺交替移动,经过B、C、D、BM点连续观测,最后水准尺仍回到BM点,形成一条闭合水准路线。

④内业计算。

$$\sum 后视读数 - \sum 前视读数 = \sum 高差$$

高差闭合差的计算与调整：

$$f_{\mathrm{h}} = \sum h_i \leqslant f_{\mathrm{h允}}$$

$$f_{\mathrm{h允}} = \pm 12\sqrt{n}(\mathrm{mm})$$

调整数值：

$$v_{\mathrm{h}i} = -\frac{f_{\mathrm{h}}}{\sum n} n_i$$

调整规则：按与距离 L_i（或测站数 n_i）成正比的原则，将高差闭合差反其符号进行分配，调整值保留到整 mm。

⑤计算待定点高程。根据已知高程点 BM 的高程和各点间改正后的高差计算 A、B、C、D 4 点的高程，最后求得 BM 的点高程应与已知值相等。

4. 注意事项

①前、后视距应大致相等。

②同一测站，圆水准器只能整平一次。每次读数前，要消除视差和精平。

③水准尺应竖直，已知高程和待测点读数时不放尺垫，在转点处可放尺垫。

5. 实训记录与计算

每人填写普通水准测量记录表和普通水准测量成果计算表（表 6、表 7）。

表6　普通水准测量记录表

日期：________　天气：________　班级：________　组别：________

观测：________　记录：________　仪器编号：________

测　站	点　号	水准尺读数/m		高差/m		高程/m	备　注
		后视 a	前视 b	+	−		
计算	$\sum$						
校核	$\sum a-\sum b$						

表 7　普通水准测量成果计算表

点　号	测站数	测得高差/m	高差改正数/mm	改正后高差/m	高程/m	备　注
$\sum$						
计算校核	f_h =		$f_{h容}$ =			

6. 习题

(1)为什么在水准测量中要求前、后视距离大致相等?

(2)水准路线布设有哪几种形式?什么是转点?转点在水准测量中起什么作用?

(3)在水准测量中,水准仪在测站上由后视转为前视,发现圆水准器气泡偏离中心应怎样处理?

(4)在进行水准测量时,已知水准点、未知水准点、转点,哪些点需要放置尺垫?

(5)水准路线的高差闭合差为什么要按测段的距离或测站数成比例进行分配?分配的余数为什么要强制分配在较长的测段上?闭合水准路线与附合水准路线的内业计算有什么区别?

实训 3　四等水准测量

1. 目的与要求

①进一步熟练水准仪的操作，掌握用双面尺法进行四等水准测量的观测、计算方法。

②熟悉四等水准测量的主要技术要求、线路的检核方法。

2. 计划与设备

①实训课时为 3 学时；

②DS_3水准仪 1 套、水准尺 2 根、尺常数分别为 4.687 m 和 4.787 m、尺垫 2 只、记录板1 块。

3. 方法与步骤

(1)测量步骤

在实训场地以 BM 点为已知点，选择一条闭合水准路线进行观测，线路有 *A*、*B*、*C*、*D* 共 4 个转点，并进行高差闭合差的调整与高程计算。按下列步骤进行逐站观测：

①BM 点竖水准尺作后视，记录尺常数 *K*，在 BM 与 *A* 点大致中点安置水准仪，照准 BM 点黑面，精平并消除视差，读黑面尺上、下、中丝三丝读数；后视尺由黑面转为红面，读红面中丝读数，记入表 8 的相应位置。

②在 *A* 点竖水准尺作前视，照准前视尺黑面，精平并消除视差，读黑面上、下、中丝三丝读数，前视尺由黑面转为红面，读红面中丝读数，记入表 8 中。以上观测程序可简记为“后—后—前—前”。

③迁站进行下一站观测，方法同上，两把水准尺交替前进，直到观测完成。

(2)记录、测站计算

观测完成一个测站,及时求出该测站前后视距、前后视距差、累积视距差、同一水准尺红黑面读数差、黑红面高差及高差之差。当符合容许上表中的限差要求后,方可迁站。

测站的计算和检核主要有以下 10 个步骤,数字代号的含义见表 8。

①视距部分。

后视距离:(9) = [(1) - (2)] ×100

前视距离:(10) = [(4) - (5)] ×100

前、后视距差:(11) = (9) - (10)

前、后视距累积差:(12) = 上站(12) + 本站(11)

②同一水准尺红黑面读数之差的计算。

后视尺:(14) = (3) + $K_{后}$ - (8)

前视尺:(13) = (6) + $K_{前}$ - (7)

$K_{后}$、$K_{前}$为后视尺、前视尺的尺常数,通常为 4.687 m 或 4.787 m。

③红、黑面高差计算。

黑面高差:(15) = (3) - (6)

红面高差:(16) = (8) - (7)

④红、黑面高差之差计算。

(17) = (15) - [(16) ±0.1] = (14) - (13)(校核用)

⑤平均高差计算。

$$(18) = \frac{1}{2}\{(15) + [(16) \pm 0.1]\}$$

⑥依次设站,测出路线上其他各站的高差。

⑦全路线施测完成后,进行线路计算校核。

路线总长 $L = \sum(9) + \sum(10)$

$\sum(9) - \sum(10) =$ 末站(12)

当测站数为偶数时:

$$\sum[(3) + (8)] - \sum[(6) + (7)] = \sum[(15) + (16)] = 2\sum(18)$$

当测站数为奇数时:

$$\sum[(3) + (8)] - \sum[(6) + (7)] = \sum[(15) + (16)] = 2\sum(18) \pm 0.1$$

⑧进行高差闭合差的计算与调整,算出待定点的高程。

⑨测站应满足以下技术要求:

a. 视线长度(9)、(10)≤100 m。

b. 前后视距差(11)≤3.0 m。

c. 前后视距累积差(12)≤10.0 m。

d. 红黑面读数之差(13)、(14) ≤3 mm。

e. 红黑面高差之差(17)≤5 mm。

⑩路线的技术要求。

高差容许闭合差$f_{h容} = \pm 20\sqrt{L}$ mm,L 为路线长度,以 km 为单位,或$f_{h容} = \pm 6\sqrt{n}$ mm,n 为测站数。

4. 注意事项

①选定测站时,用步测法使前、后视距大致相等。

②在一测站内,应尽量缩短前、后视读数的间隔时间。

③每测站观测完毕,应立即进行计算,检核符合要求后,水准仪才能迁站;若超限,该测站应重测。

④用正像仪器观测时,黑面读数可按上、下、中三丝读数的顺序进行读数。

⑤前后视视线离地面高度不小于 0.2 m,前视距离、后视距离计算值为正数。

5. 实训记录与计算

每人填写四等水准测量记录表和四等水准测量成果计算表(表 8、表 9)。

表 8　四等水准测量记录表

日期:______________　天气:____________　班级:______________　组别:____________

观测:______________　记录:____________　仪器编号:__________

<table>
<tr><td rowspan="4">测站编号</td><td rowspan="4">点号</td><td rowspan="2">后尺</td><td>上丝</td><td rowspan="2">前尺</td><td>上丝</td><td rowspan="4">方向及尺号</td><td colspan="2">水准尺读数</td><td rowspan="4">K+黑-红/mm</td><td rowspan="4">高差中数/mm</td><td rowspan="4">备注</td></tr>
<tr><td>下丝</td><td>下丝</td><td rowspan="3">黑面/m</td><td rowspan="3">红面/m</td></tr>
<tr><td colspan="2">后距/m</td><td colspan="2">前视距/m</td></tr>
<tr><td colspan="2">前后视距差/m</td><td colspan="2">积累差/m</td></tr>
<tr><td rowspan="4"></td><td rowspan="4"></td><td colspan="2">(1)</td><td colspan="2">(4)</td><td>后</td><td>(3)</td><td>(8)</td><td>(14)</td><td rowspan="4">(18)</td><td rowspan="4"></td></tr>
<tr><td colspan="2">(2)</td><td colspan="2">(5)</td><td>前</td><td>(6)</td><td>(7)</td><td>(13)</td></tr>
<tr><td colspan="2">(9)</td><td colspan="2">(10)</td><td>后-前</td><td>(15)</td><td>(16)</td><td>(17)</td></tr>
<tr><td colspan="2">(11)</td><td colspan="2">(12)</td><td></td><td></td><td></td><td></td></tr>
<tr><td rowspan="4"></td><td rowspan="4"></td><td colspan="2"></td><td colspan="2"></td><td>后</td><td></td><td></td><td></td><td rowspan="4"></td><td rowspan="4"></td></tr>
<tr><td colspan="2"></td><td colspan="2"></td><td>前</td><td></td><td></td><td></td></tr>
<tr><td colspan="2"></td><td colspan="2"></td><td>后-前</td><td></td><td></td><td></td></tr>
<tr><td colspan="2"></td><td colspan="2"></td><td></td><td></td><td></td><td></td></tr>
<tr><td rowspan="4"></td><td rowspan="4"></td><td colspan="2"></td><td colspan="2"></td><td>后</td><td></td><td></td><td></td><td rowspan="4"></td><td rowspan="4"></td></tr>
<tr><td colspan="2"></td><td colspan="2"></td><td>前</td><td></td><td></td><td></td></tr>
<tr><td colspan="2"></td><td colspan="2"></td><td>后-前</td><td></td><td></td><td></td></tr>
<tr><td colspan="2"></td><td colspan="2"></td><td></td><td></td><td></td><td></td></tr>
<tr><td rowspan="4"></td><td rowspan="4"></td><td colspan="2"></td><td colspan="2"></td><td>后</td><td></td><td></td><td></td><td rowspan="4"></td><td rowspan="4"></td></tr>
<tr><td colspan="2"></td><td colspan="2"></td><td>前</td><td></td><td></td><td></td></tr>
<tr><td colspan="2"></td><td colspan="2"></td><td>后-前</td><td></td><td></td><td></td></tr>
<tr><td colspan="2"></td><td colspan="2"></td><td></td><td></td><td></td><td></td></tr>
<tr><td rowspan="4"></td><td rowspan="4"></td><td colspan="2"></td><td colspan="2"></td><td>后</td><td></td><td></td><td></td><td rowspan="4"></td><td rowspan="4"></td></tr>
<tr><td colspan="2"></td><td colspan="2"></td><td>前</td><td></td><td></td><td></td></tr>
<tr><td colspan="2"></td><td colspan="2"></td><td>后-前</td><td></td><td></td><td></td></tr>
<tr><td colspan="2"></td><td colspan="2"></td><td></td><td></td><td></td><td></td></tr>
<tr><td rowspan="4"></td><td rowspan="4"></td><td colspan="2"></td><td colspan="2"></td><td>后</td><td></td><td></td><td></td><td rowspan="4"></td><td rowspan="4"></td></tr>
<tr><td colspan="2"></td><td colspan="2"></td><td>前</td><td></td><td></td><td></td></tr>
<tr><td colspan="2"></td><td colspan="2"></td><td>后-前</td><td></td><td></td><td></td></tr>
<tr><td colspan="2"></td><td colspan="2"></td><td></td><td></td><td></td><td></td></tr>
</table>

续表

测站编号	点号	后尺 上丝 后尺 下丝 后距/m 前后视距差/m	前尺 上丝 前尺 下丝 前视距/m 积累差/m	方向及尺号	水准尺读数 黑面/m	水准尺读数 红面/m	K+黑-红 /mm	高差中数 /mm	备注
		(1)	(4)	后	(3)	(8)	(14)	(18)	
		(2)	(5)	前	(6)	(7)	(13)		
		(9)	(10)	后-前	(15)	(16)	(17)		
		(11)	(12)						
				后					
				前					
				后-前					
				后					
				前					
				后-前					
				后					
				前					
				后-前					
				后					
				前					
				后-前					
				后					
				前					
				后-前					
				后					
				前					
				后-前					

续表

测站编号	点号	后尺 上丝	前尺 上丝	方向及尺号	水准尺读数		K+黑-红/mm	高差中数/mm	备注
		后尺 下丝	前尺 下丝		黑面/m	红面/m			
		后距/m	前视距/m						
		前后视距差/m	积累差/m						
		(1)	(4)	后	(3)	(8)	(14)	(18)	
		(2)	(5)	前	(6)	(7)	(13)		
		(9)	(10)	后-前	(15)	(16)	(17)		
		(11)	(12)						
				后					
				前					
				后-前					
				后					
				前					
				后-前					
				后					
				前					
				后-前					
				后					
				前					
				后-前					
				后					
				前					
				后-前					
计算校核	$\sum(9)-\sum(10)=$				$\sum[(3)+\sum(8)]-\sum[(6)+\sum(7)]=$				
	末站(12)=				$\sum[(15)+\sum(16)]=$				
	总视距 $=\sum(9)+\sum(10)=$				$2\sum(18)=$				

表 9　水准测量成果计算表

点　号	测站数	测得高差/m	高差改正数/mm	改正后高差/m	高程/m	备　注
∑						
计算校核	f_h =		$f_{h容}$ =			

6. 习题

(1)控制前后视距差和前后视距累积差的目的是为了控制__________、__________、__________ 3 项误差。

(2)观测前后视时,不要改变对光位置的原因是______________。

(3)在三、四等水准测量中,采用"后—前—前—后"的观测程序能消除____________。

(4)水准测量时,当前后尺竖立不直时,读数值会比正确读数____________。

(5)任意两点之间的高差与起算水准面的关系是____________。

(6)四等水准测量中,当测站数为偶数时,高差中数与红面、黑面高差和的关系是____(大于、相等、小于)。

实训4　水准仪检验及校正

1. 目的与要求

①认识微倾式水准仪的主要轴线及它们之间应具备的几何关系。

②基本掌握水准仪的检验和校正方法。

2. 计划与设备

①实训课时为2学时。

②DS_3级水准仪1套、水准尺2把、记录板1块、皮尺1把、小螺丝刀1支、校正针1根。

3. 方法与步骤

1) 检验与校正内容

①圆水准器的检验与校正：圆水准器轴平行于仪器竖轴，即 $L'L' /\!/ VV$，如图4所示。

②十字丝的检验与校正：使十字丝横丝垂直于仪器竖轴。

③水准管轴的检验与校正：使视准轴平行于水准管轴（$CC /\!/ LL$）。

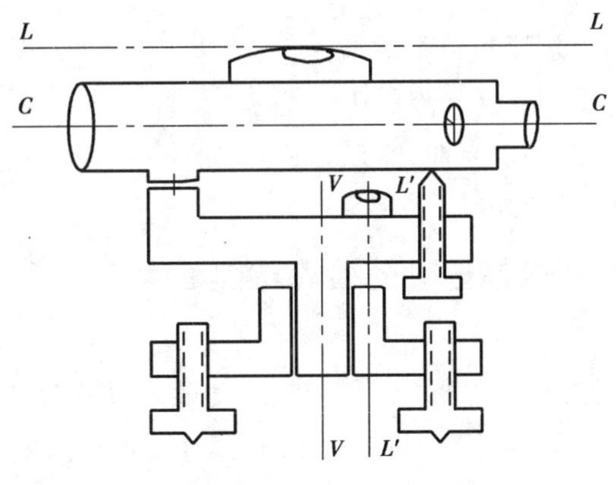

图4　水准仪轴线

2)一般性检验

安置仪器后,首先检验三脚架是否牢固,制动和微动螺旋、微倾螺旋、对光螺旋、脚螺旋等是否有效,望远镜成像是否清晰等。同时,了解水准仪各主要轴线及其相互关系。

3)圆水准器轴平行于仪器竖轴($L'L' /\!/ VV$)的检验和校正

(1)检验

①转动脚螺旋使圆水准器气泡居中。

②将仪器绕竖轴旋转180°。

③气泡不再居中,需要校正。

校正方法,如图5所示。

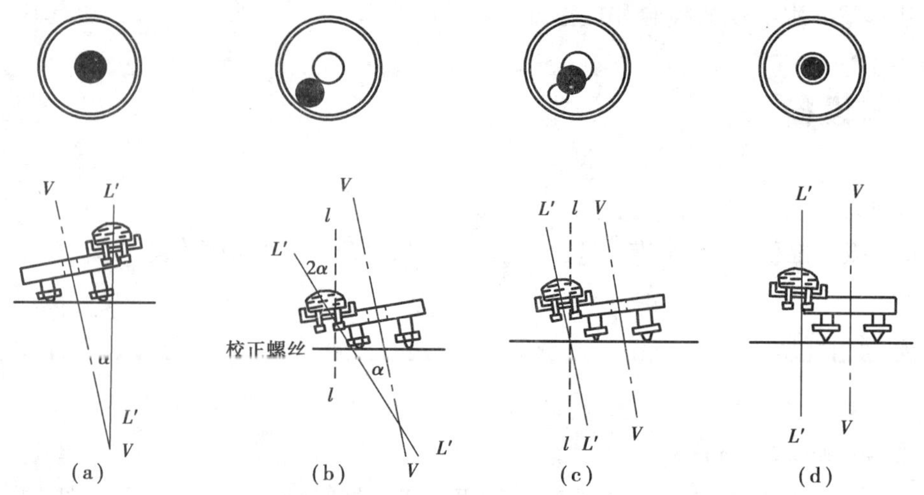

图5 圆水准器气泡校正过程

(2)校正

①调整气泡下3个校正螺丝(图6),使气泡向居中的位置移动偏移量的一半,原理如图5所示。

②用脚螺旋整平,使圆水准器气泡居中。

③校正工作一般都难以一次完成,需反复进行。

④最后,应注意拧紧固紧螺丝。

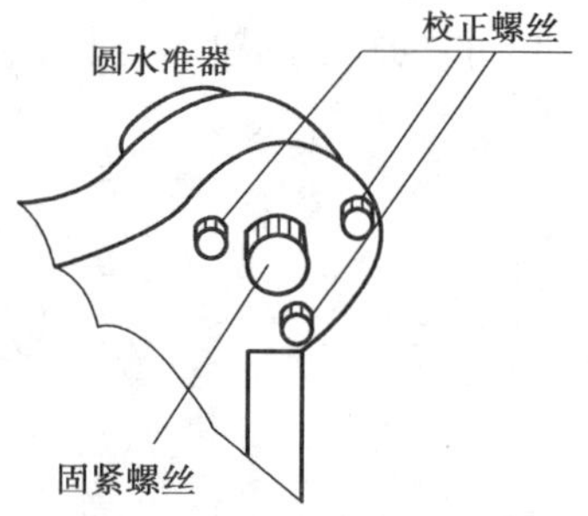

图6 校正螺丝

4)十字丝横丝垂直于仪器竖轴的检验与校正

(1)检验

用十字丝一端对准远处一明显标志M,拧紧制动螺旋,用微动螺旋缓慢地转动望远镜。如果M点沿着横丝移动,则表示十字丝横丝与竖轴垂直,否则需要校正(图7)。

(2)校正

松开十字丝分划板座的固定螺丝,转动整个目镜座,使十字丝横丝与M点轨迹一致,再将固定螺丝拧紧(图8)。

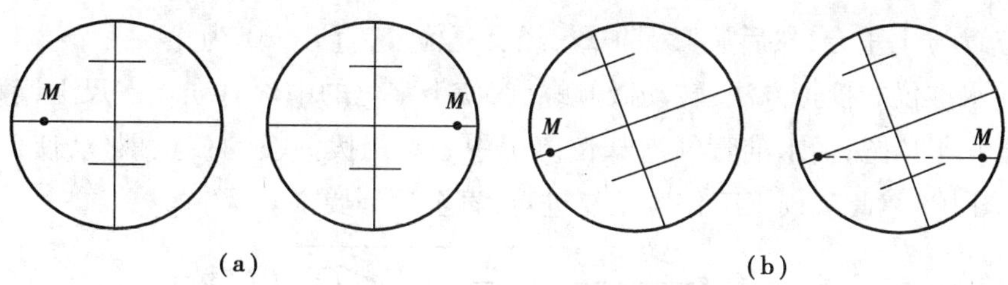

图7　标志点位置示意

5)水准管轴与视准轴平行关系的检验与校正检验

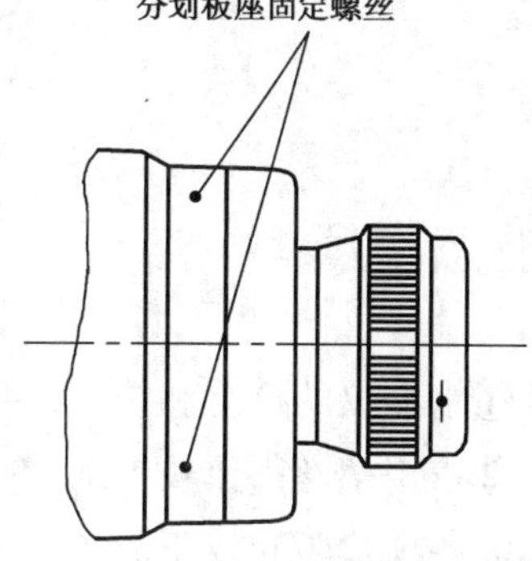

图8　固定螺丝位置

(1)检验

检验按以下步骤进行,如图9所示。

①在平坦地面选择同一直线上的A、B、C 3点,A、B相距80 m左右,各打一木桩或放尺垫。

②将水准仪安置于C点,并使$AC=BC$,易知$\Delta a=\Delta b$,在A、B两点竖立水准尺,瞄准、精平后分别在A、B点水准尺上读得a_1和b_1,则A、B点间的正确高差:

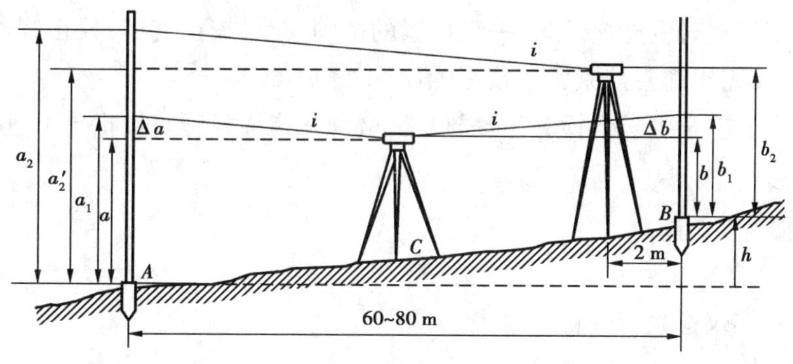

图9　i角误差检验方法

$$h_{AB}=a_1-b_1=(a+\Delta a)-(b+\Delta b)=a-b$$

③将水准仪安置于B点附近,离B点大约2 m,精平后读得B点尺上读数b_2,则可算出在A点水准尺应有读数$a_2'=b_2+h_{AB}$。

④瞄准A点水准尺,读取A点尺读数a_2。如果$a_2=a_2'$,说明两轴平行;否则,存在i角,其值为:

$$i=\frac{|a_2-a_2'|}{D_{AB}}\rho''$$

(2)校正

对于DS_3水准仪,当$i\geqslant 20''$时,水准仪必须进行校正。

自动安平水准仪的校正方法:旋下保护罩,用校正针拨动分划板调节螺针,使分划板十

字丝中心位置与 a_2' 重合，然后旋紧保护罩，经反复检校，直 $i<20''$ 为止。

微倾式水准仪的校正方法：转动微倾螺旋，使十字丝的中丝对准 A 点尺上读数 a_2'，此时视准轴处于水平位置，而水准管气泡却偏离了中心。用拨针拨动校正螺丝，使偏离的气泡重新居中（图 10）。此项校正工作应反复进行，直至达到要求。

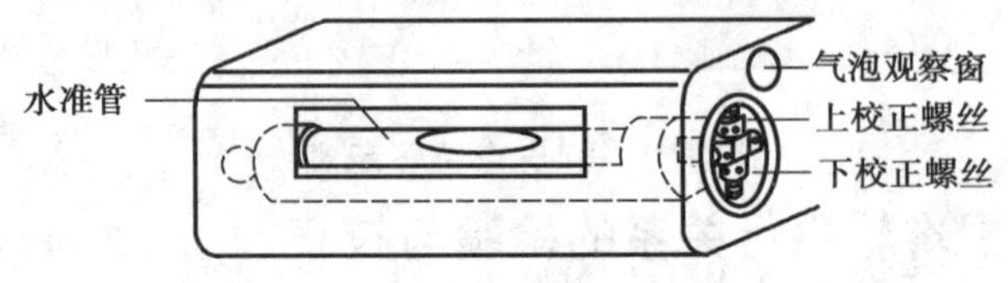

图 10　水准管位置示意图

4. 注意事项

①水准仪的检验和校正过程要认真细心，不能马虎。原始数据不得涂改。

②校正螺丝都比较精细，在拨动螺丝时要“慢、稳、均”。

③各项检验和校正的顺序不能颠倒，在检校过程中同时填写实习报告。

④各项检验都需要重复进行，直到符合要求为止。

⑤转动校正螺丝时应先松后紧，一次松紧的范围要小；校正完毕，校正螺丝应处于拧紧状态。每项检、校完毕都要拧紧各个校止螺丝，上好护盖。

⑥本次实训要求学生只作检验，若需校正，必须在指导教师直接指导下进行。

5. 实训记录与计算

每人填写水准仪检验与校正记录表。

（1）一般检查

一般性检查结果	检验结果
三脚架：	
制动与微动螺旋：	
微倾螺旋：	
对光螺旋：	
脚螺旋：	
望远镜成像：	

（2）圆水准器的检验

圆水准器气泡居中后，将望远镜旋转 180°后，气泡________（“居中”或“不居中”）。

（3）十字丝横丝检验

在墙上找一点，使其恰好位于水准仪望远镜十字丝左端的横丝上，旋转水平微动螺旋，用望远镜右端对准该点，观察该点________（“是”或“否”）仍位于十字丝右端的横丝上。

（4）i 角误差的检验

仪器位置	项　目	第 1 次	第 2 次	第 3 次
在 A、B 两点中间置仪器测高差	后视 A 点尺上读数 a_1			
	前视 B 点尺上读书 b_1			
	$h_{AB}=a_1-b_1$			
在 B 点附近置仪器进行检校	B 点尺上读数 b_2			
	A 点尺上读数 a_2			
	计算 $a_2'=b_2+h_{AB}$			
	$i=\frac{\lvert a_2-a_2'\rvert}{D_{AB}}\rho''$			
	是否需校正			

6. 习题

（1）水准仪的主要轴线有哪些？它们之间正确的几何关系是什么？

（2）各项检验和校正的顺序能否颠倒？为什么？

实训5　自动安平水准仪的认识和使用

1. 目的与要求

①认识自动安平水准仪 DS_3-Z 的基本构造、性能及自动安平原理。

②掌握自动安平水准仪的操作方法。

③练习水准测量一个测站的观测、记录和计算。

2. 计划与设备

①实训课时为2学时。

②每实训小组由4~5人组成。

③每组在实训场地任选两点，放上尺垫，每人通过改变仪器高后，分别测出这两点尺垫间的高差。

④DS_3-Z 水准仪1台、三脚架1个、水准尺2把、尺垫2个、记录板1块、自备铅笔1支。

3. 方法与步骤

1）自动安平水准仪 DS_3-Z 的认识

自动安平水准仪在望远镜的光学系统中设置了一个补偿棱镜。当圆水准器气泡居中、仪器处于粗平状态时，望远镜的视线有微量倾斜时，补偿器在重力作用下，对望远镜作相对移动，从而能自动而迅速地获得视线水平时的标尺读数。

自动安平水准仪由于没有制动螺旋、管水准器和微倾螺旋，在观测的时候，仪器粗略整平后，即可直接在水准尺上进行读数。因此，自动安平水准仪的优点是省略了精平过程，从而大大加快了测量速度。图11所示为 DS_3-Z 水准仪的外形和各部件名称。

2）水准仪的使用

（1）安置和整平水准仪

将水准仪安置在三脚架上，调节脚螺旋（方法同调节微倾式水准仪相同），使圆水准器气泡居中。

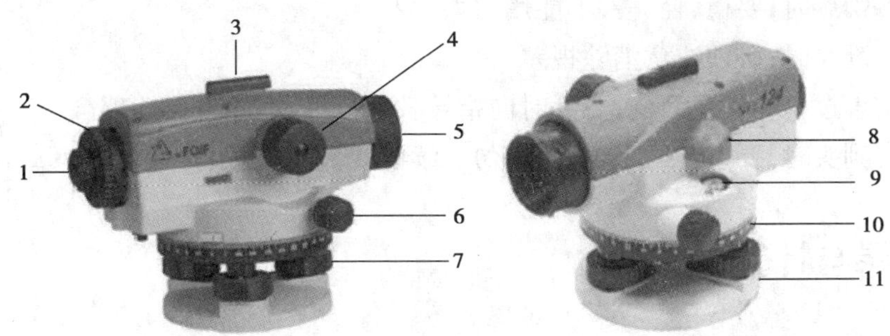

图11　DS_3-Z 水准仪

1—目镜;2—目镜调焦螺旋;3—粗瞄准;4—调焦螺旋;5—物镜;
6—水平微动螺旋;7—脚螺旋;8—反光镜;9—圆水准器;10—刻度盘;11—基座

(2)消除视差,瞄准水准尺

首先,用望远镜对着明亮背景,转动目镜对光螺旋,使十字丝清晰可见。然后,松开制动螺旋,转动望远镜,利用镜筒上的准星和照门照准水准尺,旋紧制动螺旋。再转动物镜对光螺旋,使尺像清晰,此时如果眼睛上下晃动,十字丝交点总是指在标尺物像的一个固定位置,即无视差现象;如果眼睛上下晃动,十字丝横丝在标尺上错动,就是有视差现象,说明标尺物像没有呈现在十字丝平面上。

若有视差,将影响读数的准确性。消除视差时,要仔细进行物镜对光,使水准尺看得最清楚,这时如果十字丝不清楚或出现重影,再旋转目镜对光螺旋,直至完全消除视差,最后利用微动螺旋使十字丝精确照准水准尺。

(3)读数

读数方法与微倾式水准仪相同。

3)一个测站的观测、记录和计算

每个小组在实训场地上选定两点,相距50 m左右。放上尺垫,在尺垫上立水准尺,一点作为后视点,另一点作为前视点。每个人独立完成仪器的安置、粗平、瞄准、读数等实训步骤。

4)技术要求

①仪器高度的变化幅度应在10 cm左右。

②两次测定的高差应小于5 mm。

③各小组成员所测高差的最大值与最小值之差不超过5 mm。

4.注意事项

①前、后视距大致相等,水准尺要立直,尺垫应用脚踩实。

②水准仪在使用过程中,要按照操作规程作业。

③转动各螺旋时,要稳、轻、慢,不能用力太大。

④瞄准水准尺时,必须注意消除视差。

⑤若在实训过程中发现问题,要及时向指导教师汇报,不能自行处理。

⑥螺旋转到头时,要返转回来少许,切勿继续再转,以防脱扣。

5. 实验记录与计算

每人填写水准测量记录表(表10)。

表10　水准测量记录表

日期:__________　天气:__________　班级:__________　组别:__________

观测:__________　记录:__________　仪器编号:__________

测　站	点　号	水准尺读数/m		高差 h/m		高程/m	备　注
		后视 a	前视 b	+	−		
计算校核		$\sum a =$	$\sum b =$	$\sum h =$			
		$\sum a - \sum b =$					

6. 习题

(1)自动安平水准仪与普通水准仪有何区别?

(2)自动安平水准仪在仪器粗略整平后,不经过精平,可直接在水准尺上进行读数的原因是什么?

实训6　DJ_6光学经纬仪的认识及使用

1. 目的与要求

①认识并掌握 DJ_6 光学经纬仪的基本构造，熟悉各部件的用途、使用方法及作用。

②练习 DJ_6 光学经纬仪的对中、整平、瞄准和读数。

③盘左、盘右观测两个目标，测量两方向间的水平角。

④整平误差应小于1格，一测回的 $\beta_{左}$、$\beta_{右}$差值不大于40″，测回差应小于24″。

2. 计划与设备

①实训课时为2学时。

②DJ_6 光学经纬仪1台、记录板1块、三脚架1个。

3. 方法与步骤

1）光学经纬仪的认识

经纬仪由照准部、水平度盘和基座3部分组成，如图12所示。

2）光学经纬仪的使用

在指定测站测点BM上，安置经纬仪，观测2个指定目标，主要进行4项测量工作，即对中、整平、瞄准和读数。

（1）对中

即经纬仪的旋转中心、水平度盘的中心与测站点中心位于同一铅垂线上。安置三脚架于测站上，打开脚架，将脚架提升至肩膀高度，拧紧脚螺旋。将脚架张开，使3个脚尖形成等边三角形，架设脚架高度至胸部，安置在测站上，架头中心螺栓圆孔大致对准测站点，目估架头水平；将经纬仪放在架头上，拧紧连接螺旋。调节光学对中器目镜螺旋消除视差，使

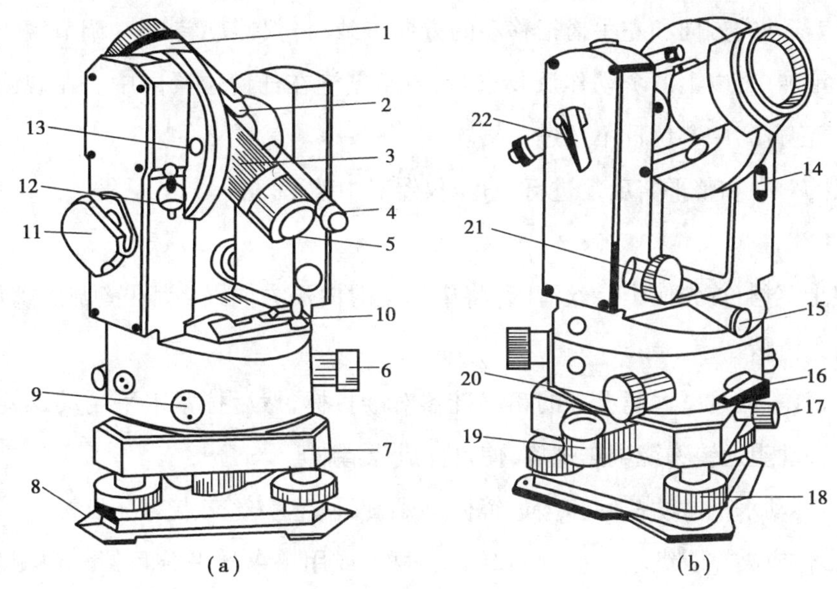

图 12　DJ_6 光学经纬仪外形示意图

1—望远镜物镜;2—粗瞄器;3—对光螺旋;4　读数目镜;5—望远镜日镜; 6—转盘手轮;
7—基座;8—导向板;9,13—堵盖;10—管水准器;11—反光镜;12—自动归零旋钮;
14—调指标差盖板;15—光学对中器;16—水平制动扳钮;17—固定螺旋;18—脚螺旋;
19—圆水准器;20—水平微动螺旋;21—望远镜微动螺旋;22—望远镜制动扳钮

测站点和对中器中心重合。若对中器中心离测站点较远,可两只手各扶 1 只架腿,第 3 只架腿支撑在地面上,目光对着对中器目镜,移动三脚架使对中器对准测点;若有较小的偏离,可将仪器大致整平,稍松连接螺旋,双手扶住仪器基座,手不要碰到经纬仪脚螺旋,在架头上轻轻移动仪器,使对中器中心精确对准测站点,将连接螺旋拧紧。

(2)粗平

采用伸缩脚架使圆水准和管水准气泡居中的方式。先使水准管轴平行于任意两个脚螺旋的连线,伸缩与两个脚螺旋在同一方向上的脚架,注意气泡偏向哪边就表明哪边高,需要缩下该脚架,使管水准气泡大致居中(以管水准气泡偏离 2 格为限);照准部转动 90°,使水准管轴的轴线垂直于前面两个脚螺旋的连线,观察水准管气泡情况,气泡偏向哪边就是哪边高,应缩下第 3 个脚架,使管水准气泡大致居中;以上两个动作反复进行,直到水准管气泡在上述两个方向上大致居中为止。伸缩脚架粗平经纬仪对对中偏离影响较小。

(3)精平

当管水准气泡偏离较少(2 格)时,通过旋转经纬仪脚螺旋来进行。先使水准管轴平行于任意两个脚螺旋的连线,旋转两个脚螺旋使管水准气泡居中,脚螺旋应同时向内会或向外旋转,气泡移动的方向和左手拇指移动的方向一致;将仪器旋转 90°,调节第 3 个脚螺旋使水准管气泡居中,以上两个动作反复进行,直至气泡在任何位置居中。在观测水平角过程中,允许气泡偏离中心位置不超过一格。

经纬仪的对中和整平需反复进行,直至仪器对中整平。

(4)瞄准

①调整十字丝:首先使十字丝清晰,将望远镜对向一方向,转动目镜调焦螺旋,使十字丝的影像最为清晰。

②消除视差:通过望远镜上方的粗瞄准器对准目标,然后拧紧水平制动螺旋和望远镜制动螺旋。转动望远镜物镜调焦螺旋,使目标成像清晰。

③瞄准:转动水平微动螺旋和望远镜微动螺旋,使十字丝交点对准目标点。观测水平角时,目标影像应夹在双纵丝内,且与双纵丝对称,或用单纵丝平分目标。观测竖直角时,应使十字丝中丝单横丝与目标顶部相切。在同一观测中,应用同一方法瞄准目标。

(5)读数

打开反光镜,调整反光镜位置,使光线能清晰反射度盘读数,进行读数显微镜调焦,消除视差,使读数窗分划清晰即可读数。

图 13(a)所示为读数显微镜的视窗,视窗内有上下两半部分读数窗,标有“H”字样的读数部分内是水平度盘分划线及其分微尺的影像,标有“V”字样的读数部分是竖直度盘的分划线及其分微尺的影像。部分型号的仪器用“水平”表示水平度盘读数窗,用“竖直”表示竖直度盘读数窗。

读数方法如下:先读取位于分微尺 0 ~ 60 格分划的度盘分划线的“度”数,再从分微尺上读取该度盘分划线对应的“分”数,然后估读至 0.1′。如图 13(a)所示,水平度盘读数为 215°06′36″,竖直度盘读数为 78°52′18″。

也有的仪器读数设备如图 13(b)所示,第 3 个窗口(最下面)的读数加上第 1 个窗口(最上面)的读数为水平度盘读数,第 2 个窗口(中间)的读数加上第 1 个窗口(最上面)的读数为垂直度盘读数。无论是水平度盘读数还是竖直度盘读数,在读数之前必须调节测微轮,使得双线均匀夹住度盘上的一个刻划。图 13(b)中,水平度盘读数为 283°52′06″。

3)角度测量

选实训场地上一基准点 BM 作为测站点,在测站点 BM 安置经纬仪,将经纬仪对中整平。另外,选择两固定点 A、B 作为目标点,瞄准目标时尽量瞄准根部,同一测回相同目标观

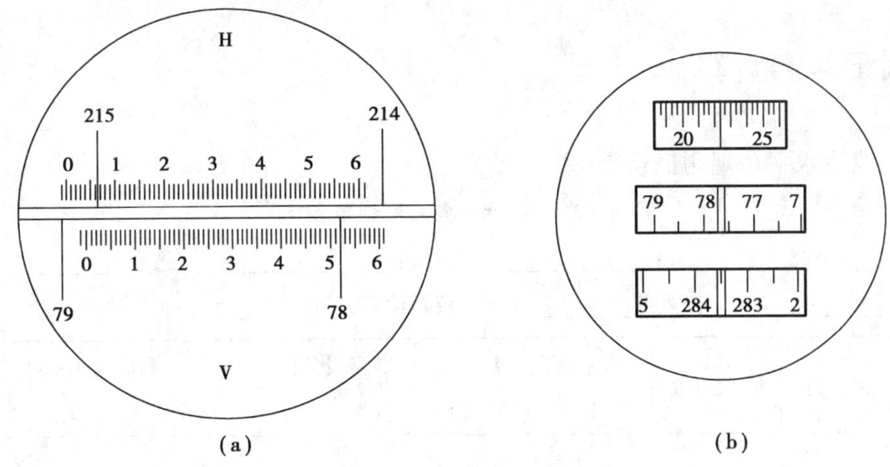

图 13　水平度盘读数窗

测时瞄准同一部位。

(1)观测

①盘左瞄准目标 A,固定照准部,读取水平度盘读数 $a_{左}$。

②松开水平制动螺旋,顺时针转动照准部,瞄准目标 B,读取水平度盘读数 $b_{左}$。

③倒转望远镜,顺时针转动照准部,盘右瞄准目标 B,读取水平度盘读数 $b_{右}$。

④逆时针旋转照准部,盘右瞄准目标 A,读取水平度盘读数 $a_{右}$。

(2)计算

上半测回角值为 $\beta_{左} = b_{左} - a_{左}$

下半测回角值为 $\beta_{右} = b_{右} - a_{右}$

一测回角值为 $\beta = \frac{1}{2}(\beta_{左} + \beta_{右})$

在观测的过程中,要边观测边进行计算校核,以便检查错误。

4. 注意事项

①将经纬仪取出仪器盒时,必须一只手拿住经纬仪照准部;另一只手托住基座的底部。将经纬仪安置于脚架上时,必须将经纬仪底板与脚架中心连接螺旋旋紧。

②上半测回完成后,进行下半测回观测时,不能拨动度盘变换手轮或复测旋钮。

③读数应估读到 1/10 秒,即观测结果的秒值应是 6 的整倍数。

5. 实训记录与计算

每人填写水平角观测记录表(表11)。

表11　水平角观测记录表

日期:＿＿＿＿＿＿　天气:＿＿＿＿＿　班级:＿＿＿＿＿＿　组别:＿＿＿＿＿

观测:＿＿＿＿＿＿　记录:＿＿＿＿＿　仪器编号:＿＿＿＿＿

测　站	目　标	竖盘位置	水平度盘读数 /(°　′　″)	半侧回角值 /(°　′　″)	一测回角值 /(°　′　″)	备　注

6. 习题

(1)经纬仪由________、________、________3 部分组成。

(2)经纬仪光学对中时,先将脚架安置在测站上,目估架头大致__________。并使架头中心初步对准地面测站点中心,安装上仪器后若光学对中器离测点较远,可移动________,使对中器大致对准标志中心,如果对中器对中有较小偏离,稍松动中心螺旋,可轻轻平移________,对准点位中心,最后拧紧中心螺旋。

(3)仪器精平时,可使照准部水准管轴平行于____________,用双手同时________或旋转脚螺旋,气泡移动方向和_____________方向一致,使水准气泡居中,然后将照准部转动______,再旋转____________,使气泡居中,以上两步反复几次即可整平。

(4)在水平角观测中,盘左是按____时针方向观测的,盘右是按____时针方向观测的。

(5)用经纬仪观测水平角时,对中误差会使水平角产生误差。这种误差对测量成果的影响是(　　)。

A. 边长越大,影响越大　　B. 边长越短,影响越大

C. 边长越短,影响越小　　C. 与边长无关

(6)水平角观测一测回是指(　　)。

A. 全部测量一次

B. 往返测量

C. 盘左、盘右观测的两个半测回合

D. 循环着测一次

(7)经纬仪不能直接用于测量(　　)。

A. 点的坐标　　B. 水平角　　C. 竖直角　　D. 高差

实训 7　水平角观测(方向法观测)

1. 目的与要求

①进一步熟悉经纬仪的使用,加深对水平角测量原理的理解。

②掌握用全圆方向法观测水平角的水平度盘配置、观测顺序、计算及校核方法。

③用全圆法观测 4 个目标,每人观测 1 个测回。

④半测回归零差不大于 18″。

⑤同一方向各测回互差不大于 24″。

2. 计划与设备

①计划课时为 3 学时。

②DJ_6 光学经纬仪 1 台、记录板 1 块。

3. 方法与步骤

方向法观测水平角是通过观测测站至各目标点的方向值,然后由方向值计算水平角值的方法。方向值是指选定一个方向为起始方法(零方向),其他方向相对于起始方向的角值。一测回方向观测中,分为上半测回和下半测回。根据小组人数,按照下式配置水平度盘起始读数,观测完成观测任务(图 14)。

$$\delta = (i-1)\frac{180°}{n}$$

式中　n——总测回数;

i——测回顺序数。

(1)上半测回

①选择测站点 O,目标点 A、B、C、D,在测站点 O 安置经纬仪,对中整平。

②盘左位置照准 A 点,将水平度盘设置为略大于 0°00′00″。读取该读数 a_1。

③顺时针转动照准部,依次照准目标 B、C、D,读取相应水平度盘读数 b_1、c_1、d_1。

④归零,顺时针方向瞄回零方向 A,读水平度盘读数 a_1',半测归零差不大于 18″。

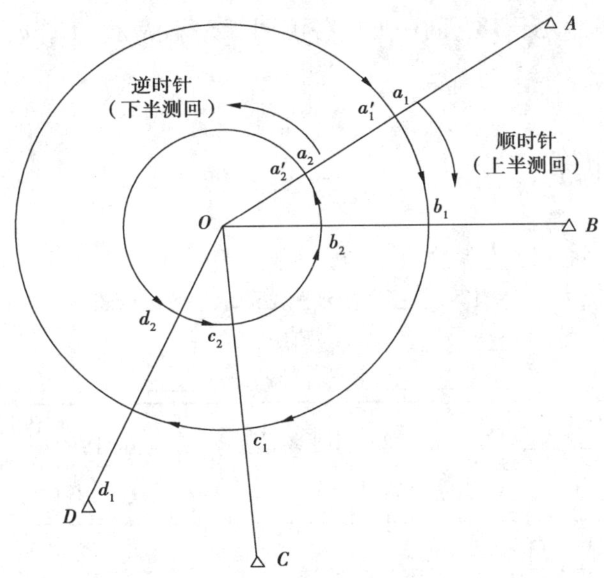

图 14　方向法水平角观测示意图

(2)下半测回

①盘右照准零方向 A,读取读数 a_2。

②逆时针转动照准部,依次照准目标 D、C、B,读取相应水平度盘读数 d_2、c_2、b_2。

③归零,逆时针方向瞄回零方向 A,读水平度盘读数 a'_2,半测归零差不大于 18″。

上、下半测回完成后,应计算 2 倍视准轴误差 $2c$,即:

$$2c = \text{盘左读数} - \text{盘右读数}(\pm 180°)$$

对 $2c$ 值互差要求不能大于限差,若超限须重测相关的方向。限差要求详见表 12。

表 12　方向法观测水平角的限差要求

控制网等级	仪器精度等级	两次重合读数之差/(″)	半测回归零差/(″)	一测回内 $2c$ 互差/(″)	同一方向值各测回较差/(″)
四等及以上	1″级仪器	1	6	9	6
	2″级仪器	3	8	13	9
一级及以下	2″级仪器	—	12	18	12
	6″级仪器	—	18	—	24

4. 注意事项

①整平时,管水准器气泡偏离中心不应超过一格;一测回未结束,严禁触碰各脚螺旋。

②观测顺序:盘左顺时针,盘右逆时针,一测回观测时,只能盘左配置度盘;瞄准目标时,尽可能以十字丝交点附近的竖丝瞄准目标底部。

③半测回归零差不大于18″,同一方向各测回互差不大于24″,2c(即2倍视准轴)误差不作规定。

5. 实训记录与计算

每人填写全圆方向观测法观测水平角记录表(表13)。

表13　全圆方向观测法测水平角记录表

日期:________　天气:________　班级:________　组别:________

观测:________　记录:________　仪器编号:________

测站	测回	目标	水平度盘读数		2c /(″)	平均读数 /(°　′　″)	归零方向值 /(°　′　″)	各测回归零方向值的平均值 /(°　′　″)	角值 /(°　′　″)
			盘左 /(°　′　″)	盘右 /(°　′　″)					
备注									

6. 习题

(1)用方向观测法对某一角度观测 4 个测回,第 3 测回的预定值为________左右。

(2)用经纬仪盘左、盘右两个盘位观测水平角,取其观测结果的平均值,可以消除______________、______________、______________对水平角的影响。

(3)在方向观测法计算中的 $2c$ 是指________________。

(4)水平角测量中,________不能用盘左、盘右观测取平均值的方法消除。

A. 照准部偏心差　　B. 视准轴误差　　C. 横轴误差　　D. 竖轴误差

(5)水平角观测时,照准不同方向的目标,应______旋转照准部。

A. 盘左顺时针、盘右逆时针方向　　B. 盘左逆时针、盘右顺时针方向

C. 总是顺时针方向　　D. 总是逆时针方向

实训 8　测回法测水平角

1. 目的与要求

①掌握用测回法多测回观测同一水平角的操作、记录及计算方法。

②半测回差应小于 40″,各测回水平角互差应小于 24″。

③角度容许闭合差 $f_{\beta容} = \pm 60''\sqrt{n}$,$n$ 为测回数。

2. 计划与设备

①该实训为 2 学时,每小组 4 ~5 人。

②选择一个测站点和 2 个固定的目标点,用测回法观测目标点与测站点组成的内角角度。

③DJ_6 光学经纬仪 1 套。

3. 方法与步骤

测回法观测同一水平角。多测回观测同一水平角是为了增加测角精度,按 $\delta = (i-1)\dfrac{180°}{n}$ 变换度盘位置。将经纬仪安置于测站 C,观测目标为 A、B 两点,A 点为左目标点,B 点为右目标点,多测回测定水平角 β,如图 15 所示。其步骤如下:

①根据测回数配置各测回起始方向的度盘读数,应均匀变换,$\delta = (i-1)\dfrac{180°}{n}$,其中,$n$ 为总测回数,$i = 1$、2、$\cdots$,n 为测回顺序数。

②盘左(竖直度盘位于望远镜左边)。瞄准左方向目标点 A,读取水平度盘读数,记录读数;顺时针旋转照准部瞄准右方向目标点 B,读取水平度盘读数,记录读数。

③盘右(竖直度盘位于望远镜右边)。倒转望远镜顺时针旋转成盘右,瞄准右方向目标点 B,读取水平度盘读数,记录读数;逆时针旋转照准部瞄准左方向目标点 A,读取水平度盘读数,记录读数。

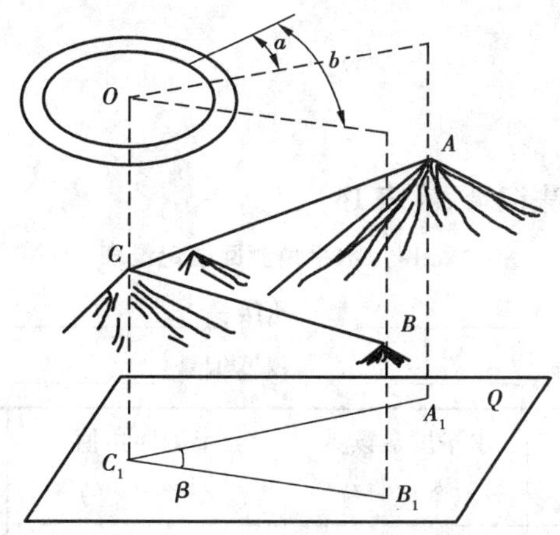

图15　测回法水平角观测示意图

④一测回水平角计算。

$$\beta_{左} = b_{左} - a_{左} \quad （盘左）$$

$$\beta_{右} = b_{右} - a_{右} \quad （盘右）$$

当半测回差小于40″时：

$$\beta = \frac{1}{2}(\beta_{左} + \beta_{右}) \quad （一测回角值）$$

⑤计算各测回水平角平均值。

各测回水平角互差检核：

$$\Delta\beta = \beta_1 - \beta_2 \leqslant \pm 24'' \quad （满足要求）$$

各测回水平角取平均值：

$$\bar{\beta} = \frac{\sum \beta_i}{n} \quad （n 是测回数）$$

4. 注意事项

①经纬仪对中整平时，应使三脚架架头大致水平。

②照准部旋转至任意方位，水准管气泡都居中视为经纬仪整平。

③光学对中时，测站点必须在对中器的小圆圈内方为对中。

④用望远镜瞄准目标时，必须消除视差。

⑤用分微尺进行读数时，必须估读至0.1′并化为06″，估读要准确；观测时，注意水平度盘复测扳手是否固定。

⑥水平角计算时，均为右方向读数减去左方向读数。若结果出现负值，右方向读数加360°计算。

5. 实训记录与计算

每人填写水平角测回法记录表(表14)。

表14　水平角测回法记录表

日期:________　天气:________　班级:________　组别:________

观测:________　记录:________　仪器编号:________

测　站	目　标	竖盘位置	水平度盘读数 /(°　′　″)	半侧回角值 /(°　′　″)	一测回角值 /(°　′　″)	备　注

6. 习题

(1)用盘左、盘右观测水平角,能消除__________、__________、__________3 项误差。

(2)水平角观测时,应尽量照准观测点____________。

(3)水平角计算时,均为右方向读数减左方向读数,若结果出现负值时,应__________计算。

实训 9　竖直角测量

1. 目的与要求

①掌握竖直角测量的操作顺序、记录、计算方法。

②掌握指标差的概念及限差的规定。

2. 计划与设备

①实验课时为 2 学时。

②DJ_6 光学经纬仪 1 台、花杆 4 根、记录板 1 块、三脚架 1 个。

3. 方法与步骤

(1)基本知识

竖直角:在同一竖直面内,瞄准目标的视线与水平视线所夹的锐角,角值范围为 $-90° \sim +90°$。竖直角分为仰角与俯角:仰角是指视线向上倾斜,为正值;俯角是指视线向下倾斜,为负值。

竖盘注记:根据度盘的刻划顺序不同,分为顺时针注记和逆时针注记两种,如图 16 所示。

(2)观测步骤

①在实训场地上选定一测站点 O,在测站 O 上安置经纬仪,对中整平。选择远处一标志点作为观测目标。

②盘左瞄准目标,用十字丝横丝切于目标的顶部或底部不动点,使竖盘水准管气泡居中,在读数窗口标有"V"或"竖直"标记处读数 L。

③用相同的方法,以盘右瞄准目标,读数 R。

④计算。

a. 半测回角值计算:

$$盘左竖直角\ \alpha_{左} = 90° - L$$

$$盘右竖直角\ \alpha_{右} = R - 270°$$

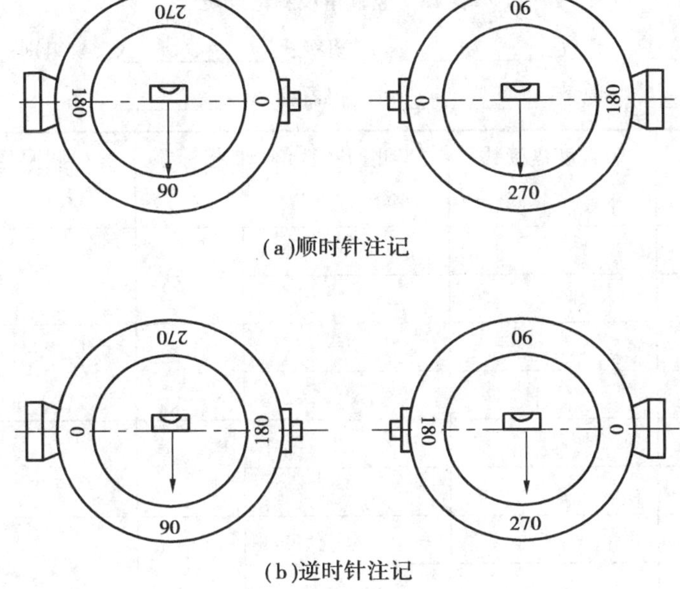

(a)顺时针注记

(b)逆时针注记

图 16　竖盘注记示意图

b. 指标差计算：

$$x = \frac{1}{2}(L + R - 360°)$$

c. 一测回角计算：

$$\alpha = \frac{1}{2}(\alpha_L + \alpha_R) = \frac{1}{2}(R - L - 180°)$$

d. 各测回平均值计算：若有多测回观测时，取各测回观测角值的平均值作为竖直角度。

4. 注意事项

①盘左、盘右瞄准目标时，应用横丝对准目标同一位置。

②竖直度盘读数前，必须使竖盘水准管气泡居中。

③计算竖直角及指标差时，应注意正、负号。

④各测回指标差互差不超过 25″。

5. 实训记录与计算

每人填写竖直角观测记录表(表 15)。

表 15　竖直角观测记录表

日期：＿＿＿＿＿＿　天气：＿＿＿＿＿＿　班级：＿＿＿＿＿＿　组别：＿＿＿＿＿＿

观测：＿＿＿＿＿＿　记录：＿＿＿＿＿＿　仪器编号：＿＿＿＿＿＿

测站	目标	竖盘位置	竖直度盘读数 /(°　′　″)	半测回竖直角 /(°　′　″)	指标差 /(″)	一测回竖直角 /(°　′　″)	备　注

6. 习题

(1)用光学经纬仪观测竖直角,在读取竖盘读数之前,应调节________________,使竖盘水准气泡居中,其目的是使______________正确位置。

(2)在竖直角观测中,取____________平均值作为竖直角的观测结果,来消除竖直度盘指标差的影响。

(3)竖盘指标差是由于____________________或________________归零时,指标线偏离正确位置的角度值引起的。

(4)用经纬仪观测同一竖直面内不同高度的若干目标,水平度盘读数_______________,竖直度盘读数随高度增高而________________。

(5)当经纬仪整平后,竖轴处于铅直位置,照准部旋转到任何位置,水准管气泡都应该____________。

(6)竖直角绝对值的最大值为(　　)。

A. 90°　　B. 180°　　C. 270°　　D. 360°

(7)观测某目标的竖直角,盘左读数为 101°23′36″,盘右读数为 258°36′00″,则指标差为(　　)。

A. 24″　　B. -12″　　C. -24″　　D. 12″

(8)竖直角(　　)。

A. 只能为正　　B. 只能为负　　C. 可为正,也可为负　　D. 不能为零

(9)观测竖直角时,调节竖盘指标水准管气泡居中的目的是(　　)。

A. 使横轴水平　　B. 使读数指标处于正确位置

C. 使竖轴竖直　　D. 使视准轴水平

实训 10　视距测量

1. 目的与要求

①掌握经纬仪进行视距测量的观测方法和需要观测的数据。

②掌握视距测量的计算方法,进行水平距离、高差及高程的计算。

2. 计划与设备

①实验课时为 2 学时。

②DJ_6 光学经纬仪 1 台、三脚架 1 个、视距尺 1 把、小钢卷尺 1 把、自备计算器 1 个、记录板 1 块。

3. 方法与步骤

视线倾斜时视距测量示意如图 17 所示。

①在实训场地选择视野开阔、半径在 80 m 左右的区域,在中心区选一固定点 A 作为测站。

②在测站点 A 安置仪器,对中、整平。用小钢尺量取仪器高 i,设 $H_A = 50.000$ m。

③视距测量一般以经纬仪的盘左位置进行测量,水准尺立于待测点位置上。瞄准水准尺,转动望远镜微动螺旋,以十字丝的三丝对准尺上任意刻画处,使竖盘指标水准管气泡居中,读取上丝读数 u,下丝读数 v,中丝读数 l,读取竖盘读数。

④计算。

水平距离:　$$D = Kn\cos^2\alpha$$

观测点到测站点的高差:　$$h = \frac{1}{2}Kn\sin 2\alpha + i - l$$

观测点的高程:　$$H = H_A + D\tan\alpha + i - l$$

式中　K——视距常数，$K=100$；

n——视距间隔或尺间隔，$n=u-v$；

α——竖直角；

H_A、i——测站点高程、仪器高。

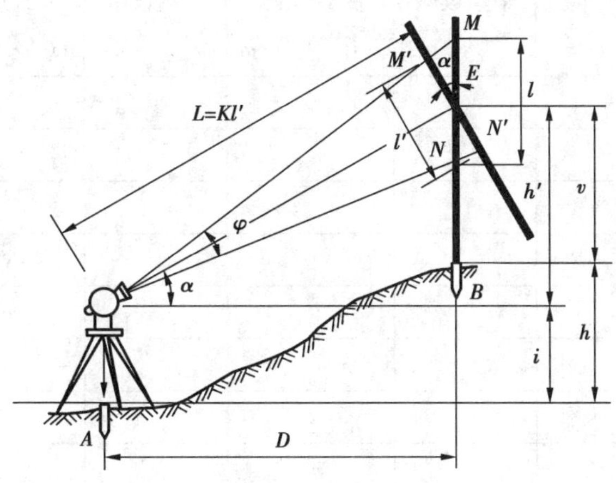

图 17　视线倾斜时视距测量示意图

4. 注意事项

①视距测量观测前，应对竖盘指标差进行检验校正，指标差在 60″以内。

②读取竖盘读数前，必须使竖盘指标水准管气泡居中，竖盘读数至分。

③中丝读数和量仪器高取至 5 mm。

④视距测量时，水准尺保持竖直稳定。

5. 实训记录与计算

每人填写视距测量记录表（表 16）。

表 16　视距测量记录表

日期：＿＿＿＿＿＿　天气：＿＿＿＿＿＿　班级：＿＿＿＿＿＿　组别：＿＿＿＿＿＿

观测：＿＿＿＿＿＿　记录：＿＿＿＿＿＿　仪器编号：＿＿＿＿＿＿

测站：				测站高程：			仪器高：	
点号	上丝读数/m	下丝读数/m	中丝读数/m	视距间隔（上－下）/m	竖盘读数/(°　′)	竖直角/(°　′)	水平距离/m	高程/m
备注								

6. 习题

(1) 视距测量是根据光学和三角学原理，测定______和______的一种方法。

(2) 视距测量的观测值有______、______、______、____________，量出____________。

(3) 视距测量前，对经纬仪的__________进行检验与校正，__________控制在 60″以内。

实训11 光学及电子经纬仪的检验与校正

1. 目的与要求

①通过对经纬仪水准管轴、视准轴、横轴、十字丝的检验和校正,使学生加深对仪器轴线关系的认识,掌握检验和校正的方法。

②掌握经纬仪轴线之间应满足的几何关系。

③掌握 DJ_6 光学经纬仪或 DT_5 电子经纬仪检验、校正的基本方法。

2. 计划与设备

①实训课时为 2 ~3 学时。

②DJ_6 光学经纬仪 1 台或 DT_5 电子经纬仪 1 台、三脚架 1 个、校正针 1 根、小螺丝刀 1 把、记录板 1 块。

3. 方法与步骤

1) 照准部水准管轴垂直于竖轴的检验与校正

(1)检验

①仪器架设好后大致整平(使 3 个脚螺旋大致等高),如图 18(a)所示,转动照准部,使水准管平行于任意一对脚螺旋 1、2,相对转动脚螺旋 1、2,使水准管气泡严格居中。

②将照准部转动 60°,如图 18(b)所示,使水准管 A 端仍对着脚螺旋 1,且水准管平行于 1、3 这对脚螺旋,然后只转动脚螺旋 3 使水准管气泡居中。

③再将照准部转动 60°,如图 18(c)所示,使水准管平行 2、3 边。这时,若气泡居中,则说明照准部水准管轴垂直于竖轴;若气泡偏离居中位置,说明照准部水准管轴不垂直于竖轴,需要校正。

(2)校正

①旋转脚螺旋 2、3 使气泡向中心移动偏离量的一半。

②用校正针拨动水准管一端的校正螺旋,松一个,紧一个,使气泡位于居中位置。

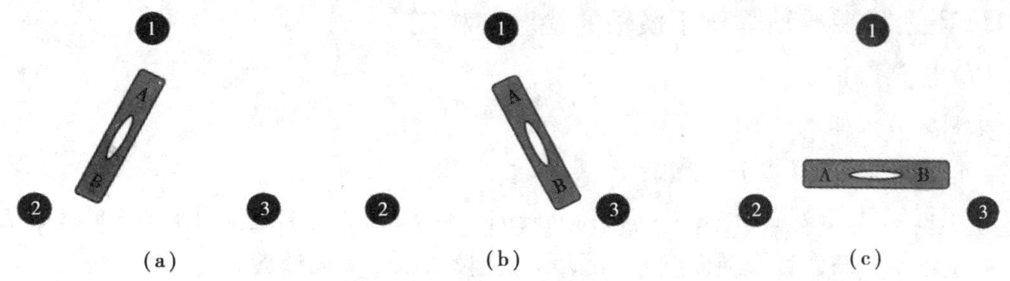

图 18　照准部水准管轴垂直于竖轴的检验

③再将照准部旋转 180°，检查气泡是否居中。如果气泡仍不居中，则重复上述步骤反复检校，直到水准管在任何位置时气泡偏离量都在 1 格以内为止。

2）十字丝竖丝垂直于横轴的检验与校正

（1）检验

①仪器整平后，用望远镜十字丝交点瞄准选定的一目标点 *M*，如图 19（a）所示，固定照准部及望远镜。

②转动望远镜微动螺旋，使 *M* 点向竖丝的端点移动。如果 *M* 点移动时的轨迹始终不离开竖丝，如图 19（b）所示，则说明十字丝竖丝垂直于仪器横轴；如果图像如图 19（c）、（d）所示，则需要校正。

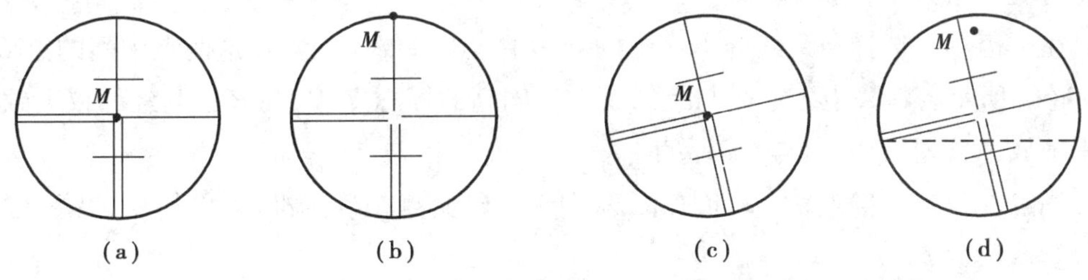

图 19　十字丝竖丝垂直于横轴的检验

（2）校正

①旋下位于望远镜目镜与对光螺旋之间的护罩，可看见 4 个分划板座固定螺丝，如图 20 所示。

②用小螺丝刀均匀地旋松这 4 个固定螺丝，绕视准轴旋转分划板座，使点 *M* 点返回到十字丝竖丝上，然后均匀地旋紧固定螺丝。

③再对校正结果进行检验，如果仍存在偏差，则需继续校正，直至望远镜上下微动时 *M* 点始终在竖丝上移动。最后旋紧 4 个固定螺丝，将护盖复位。

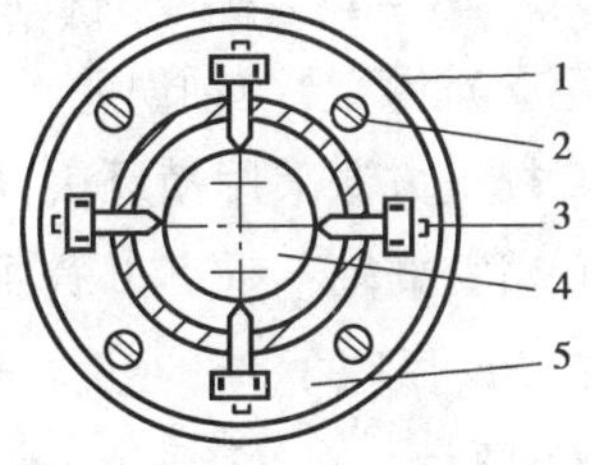

图 20　经纬仪望远镜十字丝的检验与校正

1—望远镜筒；2—压环螺钉；3—十字丝校止螺钉；4—十字丝分划板；5—压环

3)望远镜视准轴垂直于横轴的检验与校正

(1)电子经纬仪

①检验方法如下:

a. 仪器架设好后,整平、开机。

b. 望远镜盘左位置瞄准远处与仪器同高的一点 P,在显示屏上读取水平方向读数 L。

c. 望远镜盘右位置再瞄准点 P,在显示屏上读取水平方向读数 R。

d. 则有 $2c = L - (R \pm 180°)$。若 $|2c| \leqslant 20''$,则说明视准轴垂直于横铀的条件满足;若 $2c \geqslant 20''$,则需要进行校正。

这种方法称为盘左盘右读数法。

②校正方法如下:

a. 计算盘右瞄准点 P 时,水平方向应显示的正确读数 $R' = R + c$。

b. 再转动照准部水平微动螺旋,使显示屏上显示的水平方向读数变化到 $R + c$。

c. 旋下位于望远镜目镜与对光螺旋之间的护盖,校正十字丝分划板上左、右一对校正螺丝,先松一侧,再紧一侧,移动分划板使十字丝交点对准点 P。

如此重复检校步骤,直至满足 $|2c| \leqslant 20''$ 的条件,最后将护盖复位。

(2)光学经纬仪

①检验方洪如下:

a. 在平坦场地选择相距约为 100 m 的 A、B 两点,将仪器安置在这两点中间的点 O 处,如图 21(a)所示。在 A 点定一个与经纬仪大致同高的标志点 A',在 B 点与经纬仪大致同高处水平地放一分划尺,方向与 OB 垂直。

b. 用盘左位置瞄准点 A',固定照准部,用十字丝交点精确瞄准后,倒转望远镜,在 B 点分划尺读取读数 B_1。

c. 用同样的方法,盘右在 B 点分划尺读取读数为 B_2。

d. 若 $B_1 = B_2$,则说明视准轴垂直于横轴;否则,用 $c = (B_2 - B_1)P/4d$(其中,d 为仪器到尺的距离)计算视准轴误差 c。若 c 超出限差 $\leqslant 60''$ 的要求,则需要校正。

②校正方法采用横尺法,具体步骤如下:

a. 当视准轴不垂直于横轴 HH 时,横轴 HH 与视准轴的夹角为 $90° - c$(夹角 $\neq 90$),盘左位置 BB_1 反映了 $2c$;若盘右在分划尺上读取的读数为 B_2,则盘右位置 B_1B_2 反映了 $4c$,如图 21(b)所示。

b. 计算视准轴垂直于仪器横轴时,盘右在 B 点分划尺上的应有读数 $B_2' = B_1 + 3(B_2 - B_1)/4$。

c. 旋下位于望远镜目镜与对光螺旋之间的护罩,校正十字丝分划板左右一对校正螺旋丝,如图 20 所示,先松一个,再紧一个,使十字丝交点对准点 B_2'。

如此重复检校步骤,直至满足 $|2c| \leqslant 20''$ 的条件,最后将护盖复位。

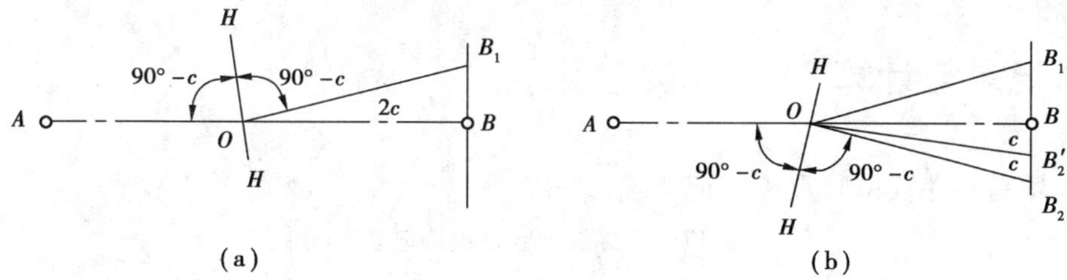

图21　视准轴的检验与校正

4)横轴垂直于竖轴的检验与校正

(1)检验

①在离一墙面30 m处的位置安置并整平经纬仪,如果是电子经纬仪需要开机。

②将盘左位置瞄准墙上高于水平位置的一目标点c(仰角大于30°),再将望远镜向下扫,在墙面上与仪器大致同高处定出一点c'。

③用盘右位置再瞄准目标点c,将望远镜向下扫,在墙面上定出c''。

④若c'、c''两点重合,说明横轴垂直于竖轴;若c'、c''两点间距大于5 mm,则需要校正。

(2)校正

①定出c'、c''的中点M。

②转动微动螺旋使十字丝交点瞄准M(照准部制动螺旋旋紧)。

③上仰望远镜到c处,此时十字丝交点必定偏离c点,打开支架盖板,用校正针拨动横轴校正螺旋,调整一侧高度,使十字丝交点重新瞄准c点。

由于仪器横轴是密封的,故该项校正应由专业维修人员进行。

4. 注意事项

①检验应按上述顺序进行,不得颠倒,因为后续的实验是在前面实验完成的条件下进行的。

②每项检验至少由两人重复操作,检验数据确认无误后才能进行校正。检验、校正需要反复进行,直到很好地满足条件为止。

③校正应在教师的直接指导下进行。

④转动校正螺丝时应先松一个,后紧一个,一次松紧的范围要小;校正完毕,校正螺丝应处于稍紧状态。

⑤如果误差在限值以内,可不进行校正。

⑥检验、校正时,应注意仪器的安全。

⑦仪器如果出现异常情况,应立即报告实习指导教师,不得自行处理。

5. 实训记录与计算

每人填写经纬仪检验及校正记录表(表17)。

表17　经纬仪检验及校正记录表

日期:______________　天气:____________　班级:______________　组别:____________

观测:______________　记录:____________　仪器编号:__________

<table>
<tr><td colspan="10">1. 一般性检验</td></tr>
<tr><td colspan="10">三脚架__________水平制动与微动螺旋____________望远镜制动与微动螺旋____________
照准部转动__________望远镜转动____________望远镜成像__________脚螺旋____________</td></tr>
<tr><td colspan="10">2. 其他检校</td></tr>
<tr><td rowspan="2">检验项目</td><td colspan="9">检验与校正经过</td></tr>
<tr><td colspan="7">偏离情况略图</td><td colspan="2">观测数据及校正说明</td></tr>
<tr><td>管水准器轴垂直于竖轴</td><td colspan="7"></td><td colspan="2"></td></tr>
<tr><td>十字丝竖丝垂直于横轴</td><td colspan="7"></td><td colspan="2"></td></tr>
<tr><td rowspan="6">视准轴垂直于横轴</td><td colspan="2">仪器位置</td><td>盘位</td><td>目标</td><td>水平盘读数</td><td colspan="2">$2c=$左$-$(右$\pm 180°$)</td><td>需要校正否</td><td>校正方法</td></tr>
<tr><td rowspan="2">方法1</td><td rowspan="2">O</td><td>左</td><td>P</td><td></td><td colspan="2" rowspan="2"></td><td rowspan="2"></td><td rowspan="2"></td></tr>
<tr><td>右</td><td>P</td><td></td></tr>
<tr><td rowspan="3">方法2</td><td rowspan="3">O</td><td></td><td></td><td>尺上读数</td><td>读数差 B_2-B_1</td><td>仪器到尺的距离 d</td><td>需要校正否</td><td>$c=(B_2-B_1)P/4d$</td></tr>
<tr><td>左</td><td>A'</td><td>$B_1=$</td><td rowspan="2"></td><td rowspan="2"></td><td rowspan="2"></td><td rowspan="2"></td></tr>
<tr><td>右</td><td>A'</td><td>$B_2=$</td></tr>
<tr><td rowspan="2">横轴垂直于竖轴</td><td colspan="5">$C'C''$间距</td><td>需要校正否</td><td colspan="3">校正方法</td></tr>
<tr><td colspan="5"></td><td></td><td colspan="3"></td></tr>
</table>

6. 习题

(1)经纬仪主要有哪些轴线？轴线间应满足哪些关系？

(2)经纬仪主要应检验哪些项目？应按什么样的顺序进行检验？哪些检验项目的顺序可以互换？哪些不可以互换？为什么？

(3)当照准部的水准管轴与仪器的竖轴不垂直而又无法校正时,你能够将仪器整平吗？如何进行？

实训 12　钢尺量距与用罗盘仪测定磁方位角

1. 目的与要求

水平距离和方位角是确定地面点平面位置的主要参数。距离测量是测量的基本工作之一,钢尺量距是距离测量中方法简便、成本较低、使用较广的一种方法。本实训通过使用钢尺丈量距离及用罗盘仪确定直线的磁方位角,使同学们熟悉距离丈量与磁方位角测定的工具、仪器等以及掌握其正确的使用方法。

①熟悉距离丈量的工具、设备,认识罗盘仪。

②了解用钢尺按一般方法进行距离丈量的过程。

③掌握用罗盘仪测定直线的磁方位角的方法。

2. 计划与设备

①实训课时安排为 1 ~ 2 学时。

②钢尺 1 把、测钎 1 根、花杆 3 根、罗盘仪(带脚架)1 台、木桩 2 根、斧子 1 把、记录板 1 块。

3. 方法与步骤

1) 钢尺量距

(1)定桩

在平坦场地上选定相距约 80 m 的 *A*、*B* 两点打下木桩,在桩顶钉上小钉作为点位标志(若为坚硬地面,可直接画细十字线作标记)。在直线 *AB* 两端各竖立 1 根花杆。

(2)往测

①如图 22 所示,后尺手手持钢尺零端尺头,站在 *A* 点花杆后,单眼瞄向 *A*、*B* 花杆。

②前尺手手持钢尺尺盒并携带一根花杆和一根测钎沿 *A*→*B* 方向前行,行至约 1 整尺长处停下。根据后尺手指挥,左、右移动花杆,使之插在 *AB* 直线上。

图22　直线的定线示意图

③后尺手将钢尺零点对准点 A，前尺手在 AB 直线上拉紧钢尺并使之保持水平，在钢尺1整尺注记处插下第一根测钎，完成1个整尺段的丈量。

④前后尺手同时提尺前进，当后尺手行至所插第1根测钎处，利用该测钎和点 B 处花杆定线，指挥前尺手将花杆插在第1根测钎与 B 点的直线上。

⑤后尺手将钢尺零点对准第1根测钎，前尺手采用相同的方法在钢尺拉平后在1整尺注记处插入第2根测钎，随后后尺手将第1根测钎拔出收起。

⑥采用相同的方法以此类推，丈量其他各尺段。

⑦到最后一段时，往往不足1整尺长。后尺手将尺的零端对准测钎，前尺手拉平拉紧钢尺对准 B 点，读出尺上读数，读至mm位，即为余长 q，作好记录。然后，后尺手拔出并收起最后1根测钎。

⑧此时，后尺手手中所收测钎数 n 即为 AB 距离的整尺数。整尺数乘以钢尺整尺长 L 加上最后一段余长 q 即为 AB 的往测距离，即 $D_{AB}=nL+q$。

(3)返测

往测结束后，再由 B 点向 A 点采用同样的方法进行定线量距，得到返测距离 D_{BA}。

(4)计算检核

根据往、返测距离 D_{AB}、D_{BA} 计算量距相对误差：

$$k=\frac{|D_{AB}-D_{BA}|}{D_{AB}}=\frac{1}{M}$$

与容许误差($K_{容}=\frac{1}{3\,000}$)相比较，若精度满足要求，即 AB 距离的平均值 $D'_{AB}=(D_{AB}+D_{BA})/2$，即为两点间的水平距离。

2)罗盘仪定向

①如图23所示，在 A 点架设罗盘仪，对中。通过刻度盘内正交的两个方向上的水准管调整刻度盘，使刻度盘处于水平状态。

②旋松罗盘仪刻度盘底部的磁针固定螺丝，使磁针落在顶针上。

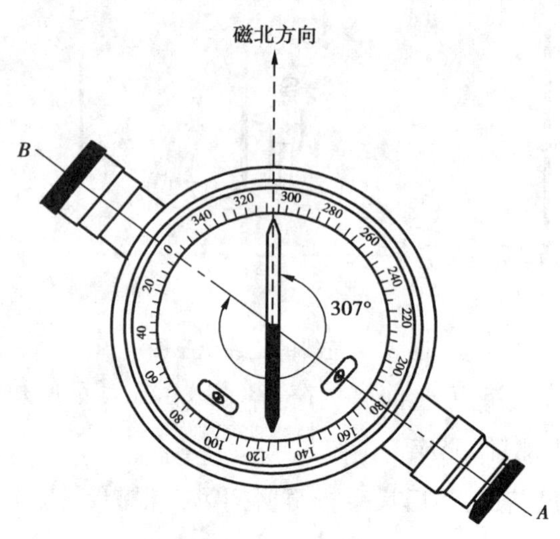

图23　罗盘定向示意图

③用望远瞄准 B 点，注意保持到度盘处于整平状态。

④当磁针摆动静止时，从刻度盘上读取磁针北端所指示的读数，估读到0.5°，即为 AB 边的磁方位角，作好记录。

⑤以同样的方法在 B 点瞄准 A 点，调出 BA 边的磁方位角。最后，检查正、反磁方位角的互差是否超限(限差≤1°)。

4. 注意事项

①钢尺必须经过检验才能使用。

②拉尺时，尺面应保持水平，不得握住尺盒拉紧钢尺。收尺时，手摇柄要顺时针方向旋转。

③钢卷尺的尺质较脆，应避免过往行人、车辆的踩、压，避免在水中拖拉。

④测量磁方位角时，要认清磁针北端，避免铁器干扰。移动罗盘仪时，要先固定磁针。

⑤量距的相对误差应小于1/3 000，定向的误差应小于1°，超限时应重新测量。

⑥钢尺使用完毕，擦拭后归还。

5. 实训记录与计算

实训结束后，每人填写距离丈量及磁方位角测定记录表(表18)。

表 18　距离丈量及磁方位角测定记录表

日期:____________　天气:__________　班级:____________　组别:__________

观测:____________　记录:__________　仪器编号:__________

钢尺号码:________钢尺长度:________								
测段	丈量	整尺段数	余长/m	直线长度/m	平均长度/m	丈量精度	磁方位角 A_m	磁方位角平均值
	往							
	返							
	往							
	返							
	往							
	返							
	往							
	返							
	往							
	返							
	往							
	返							

6. 习题

(1)在下列几种情况中,丈量结果是偏大了还是偏小了?

①钢尺的实际长度大于名义长度。(　　)

②定线时,花杆偏左或偏右。(　　)

③丈量时,尺子拉得不水平。(　　)

(2)正、反坐标方位角互差__________。

(3)钢尺量距的相对误差小,表示量距精度__________。

实训 13　全站仪的认识与使用(Ⅰ)

1. 目的与要求

①认识 NTS-352 系列南方全站仪主要操作部件及其作用，认识键盘按键功能。

②通过选择几个目标点进行观测读数，掌握全站仪的使用方法。

2. 计划与设备

①实训课时为 3 学时。

②NTS-352 系列全站仪 1 套、棱镜 1 套。

3. 方法与步骤

1)全站仪的认识(以 NTS-352 系列全站仪为例)

全站仪的基本测量模式主要有 3 种：角度测量模式(经纬仪模式)、距离测量模式(测距模式)、坐标测量模式(放样模式)。全站仪还具有特殊的测量程序，可进行悬高测量、偏心测量、对边测量、距离放样、坐标放样、设置新点、后方交会、面积计算，测量功能相当丰富，各种测量模式下均具有一定的测量功能，且各种模式之间可以相互转换。部分全站仪还具有自动化的数据采集程序，可以自动记录测量数据和坐标数据，直接与计算机传输数据，实现真正的数字化测量。

(1)全站仪各部件及名称

NTS-352 系列全站仪各部件及名称如图 24 所示。

(2)操作键

NTS-352 系列全站仪操作键界面如图 25 所示。其键盘符号及显示符号如表 19、表 20 所示。

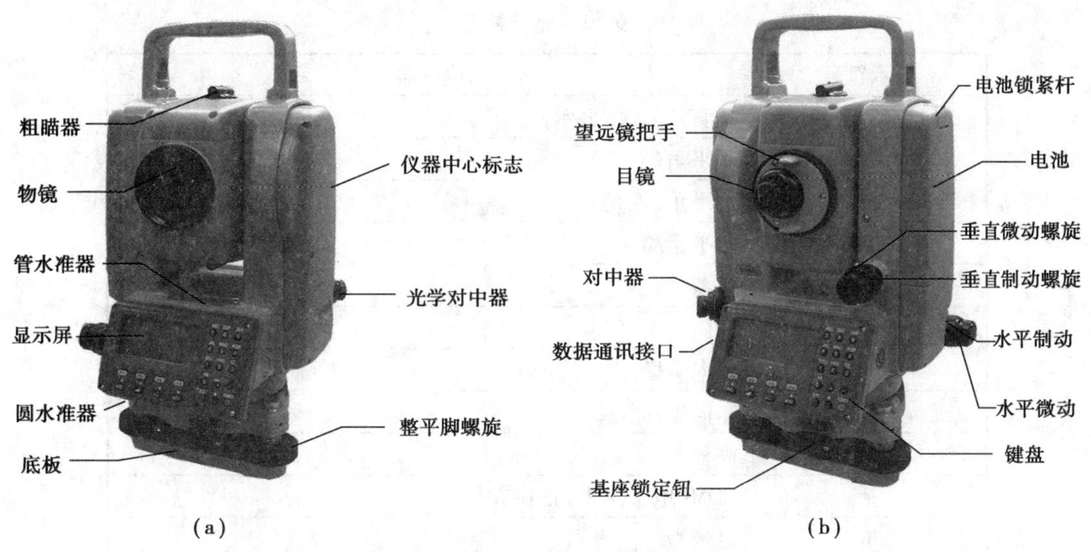

图 24　NTS-352 系列全站仪

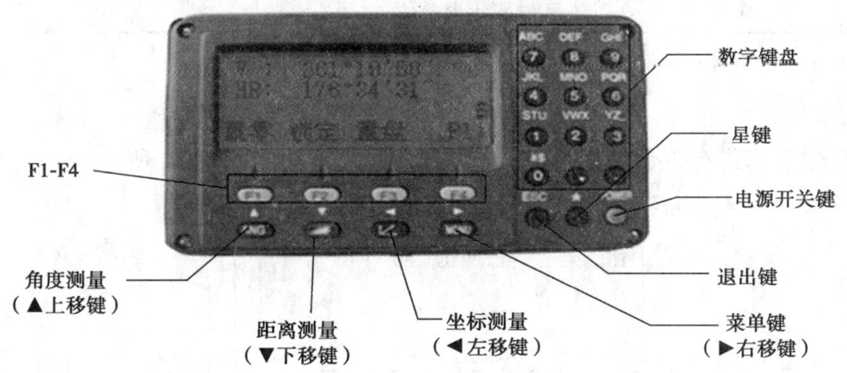

图 25　操作键示意图

表 19　键盘符号

按　键	名　称	功　能
ANG	角度测量键	进入角度测量模式(▲上移键)
◢	距离测量键	进入距离测量模式(▼下移键)
⊾	坐标测量键	进入坐标测量模式(◄左移键)
MENU	菜单键	进入菜单模式（►右移键)
ESC	退出键	返回上一级状态或返回测量模式
POWER	电源开关键	电源开关
F1 - F4	软键(功能键)	对应显示软键信息
0 - 9	数字键	输入数字和字母、小数点、负号
★	星键	进入星键模式

表 20　显示符号

显示符号	内　容
V%	垂直角(坡度显示)
HR	水平角(右角)
HL	水平角(左角)
HD	水平距离
VD	高差
SD	倾斜
N	北向坐标
E	东向坐标
Z	高程
*	EDM(电子测距)正在进行
m	以米为单位
ft	以英尺为单位
fi	以英尺与英寸为单位

(3)功能键

①角度测量模式有 3 个操作界面,如图 26 所示,其功能如表 21 所示。

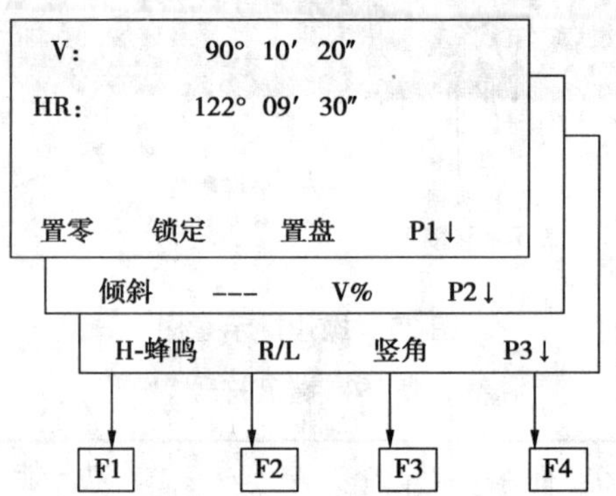

图 26　角度测量模式下的操作界面

表 21　角度测量模式下各操作界面对应的功能

页　数	软　键	显示符号	功　能
第 1 页(P1)	F1	置零	水平角置为 0°0′0″
	F2	锁定	水平角读数锁定
	F3	置盘	通过键盘输入数字设置水平角
	F4	P1↓	显示第 2 页软键功能

续表

页　数	软　键	显示符号	功　能
第 2 页（P2）	F1	倾斜	设置倾斜改正开或关，若选择开则显示倾斜改正
	F2	---	--------------------
	F3	V%	垂直角与百分比坡度的切换
	F4	P2↓	显示第 3 页软键功能
第 3 页（P3）	F1	H-蜂鸣	仪器转动至水平角 0°、90°、180°、270°时是否为蜂鸣的设置
	F2	R/L	水平角右/左计数方向的转换
	F3	竖角	垂直角显示格式（高度角/天顶距）的切换
	F4	P3↓	显示第 1 页软键功能

②距离测量模式有两个操作界面，如图 27 所示，其功能如表 22 所示。

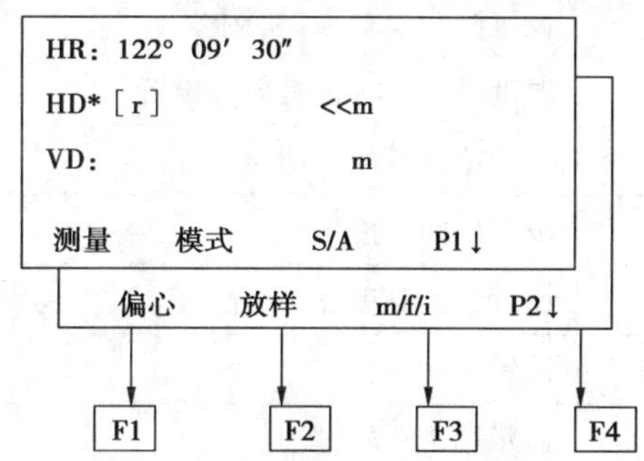

图 27　距离测量模式下的操作界面

表 22　距离测量模式下各操作界面对应的功能

页　数	软　键	显示符号	功　能
第 1 页（P1）	F1	测量	启动距离测量
	F2	模式	设置测距模式为“精测/跟踪/---”
	F3	S/A	温度、气压、棱镜常数等设置
	F4	P1↓	显示第 2 页软键功能
第 2 页（P2）	F1	偏心	偏心测量模式
	F2	放样	距离放样模式
	F3	m/f/i	距离单位的设置“米/英尺/英寸”
	F4	P2↓	显示第 1 页软键功能

③坐标测量模式有 3 个操作界面，如图 28 所示，其功能如表 23 所示。

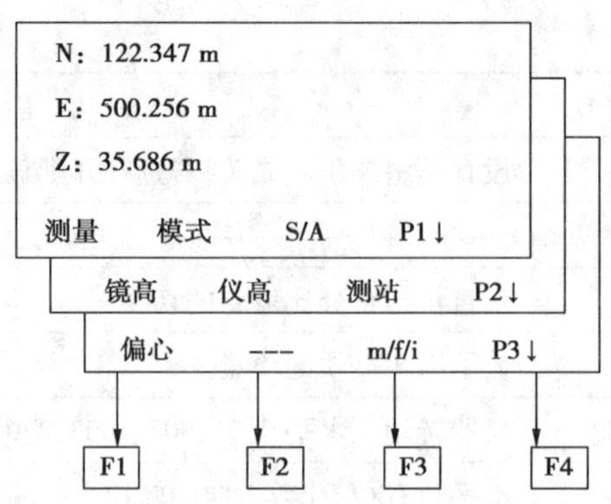

图 28　坐标测量模式下的操作界面

表 23　坐标测量模式下各操作界面对应的功能

页　数	软　键	显示符号	功　能
第 1 页（P1）	F1	测量	启动测量
	F2	模式	设置测距模式为“精测/跟踪”
	F3	S/A	温度、气压、棱镜常数等设置
	F4	P1↓	显示第 2 页软键功能
第 2 页（P2）	F1	镜高	设置棱镜高度
	F2	仪高	设置仪器高度
	F3	测站	设置测站坐标
	F4	P2↓	显示第 3 页软键功能
第 3 页（P3）	F1	偏心	偏心测量模式
	F2	---	-------------
	F3	m/f/i	距离单位的设置“米/英尺/英寸”
	F4	P3↓	显示第 1 页软键功能

（4）星键模式

按下星键，可以对以下项目进行设置：

①对比度调节。按星键后，通过按[▲]或[▼]键，可以调节液晶显示对比度。

②照明。按星键后，通过按 F1 选择“照明”，按 F1 或 F2 选择开关背景光。

③倾斜。按星键后，通过按 F2 选择“倾斜”，按 F1 或 F2 选择开关倾斜改正。

④S/A。按星键后，通过按 F4 选择“S/A”，可以对棱镜常数和温度气压进行设置，还可以查看回光信号的强弱。

(5)基本设置项目

按住 F4 键开机,可作如下设置,如表 24 所示。

表 24　基本设置项目

菜单	项　目	选择项	内　容
单位设置	英尺	F1:美国英尺 F2:国际英尺	选择 m/f 转换系数 美国英尺:1 m = 3.2803333333333 ft 国际英尺:1 m = 3.280839895013123 ft
	角度	度(360°) 哥恩(400 G) 密位(6 400 M)	选择测角单位 DEG/GON/MIL(度/哥恩/密位)
	距离	m/f/i	选择测距单位:m/f/i(米/英尺/英尺. 英寸)
	温度气压	温度:℃/℉ 气压:hPa/mmHg/inHg	选择温度单位:℃/℉ 选择气压单位:hPa/mmHg/inHg
模式设置	开机模式	测角/测距	选择开机后,进入测角模式或测距模式
	精测/跟踪	精测/跟踪	选择开机后的测距模式:精测/跟踪
	HD&VD/SD	平距和高差/斜距	说明开机后的数据项显示顺序:平距和高差或斜距
	垂直零/水平零	垂直零/水平零	选择垂直角读数从天顶方向为零基准或水平方向为零基准计数
	N 次测量/复测	N 次测量/复测	选择开机后测距模式:N 次/重复测量
	测量次数	0 ~ 99	设置测距次数,若设置为 1 次,即为单次测量
	关测距时间	1 ~ 3°	设置测距完成后,到测距功能中断的时间可以用此功能
	格网因子	使用/不使用	使用或不使用格网因子
	NEZ/ENZ	NEZ/ENZ	坐标显示顺序为:N/E/Z 或 E/N/Z
其他设置	水平角蜂鸣声	开/关	每当水平角过 90°时,是否要发出蜂鸣声
	测距蜂鸣	开/关	当有回光信号时,是否发出蜂鸣声
	两差改正	0.14/0.20/关	设置大气折光和曲率改正

(6)水平角的设置

①通过锁定角度值进行设置。首先,确认处于角度测量模式,然后按表 25 所示步骤操作。

表 25 锁定角度值设置水平角

操作过程	操 作	显 示
①用水平微动螺旋转到所需的水平角	显示角度	V: 122° 09′ 30″ HR: 90° 09′ 30″ 置零 锁定 置盘 P1↓
②按[F2](锁定)键	[F2]	水平角锁定 HR: 90° 09′ 30″ >设置 ? --- --- [是] [否]
③照准目标	照准	
④按[F3](是)键完成水平角设置×1,显示窗变为正常的角度测量模式	[F3]	V: 122° 09′ 30″ HR: 90° 09′ 30″ 置零 锁定 置盘 P1↓
若要返回上一个模式,可按[F4](否)键。		

②通过键盘输入进行设置。首先,确认处于角度测量模式,然后按表 26 所示步骤操作。

表 26 键盘输入设置水平角

操作过程	操 作	显 示
①照准目标	照准	V: 122° 09′ 30″ HR: 90° 09′ 30″ 置零 锁定 置盘 P1↓
②按[F3](置盘)键	[F3]	水平角设置 HR: 输入 --- --- [回车]

续表

操作过程	操　作	显　示
③通过键盘输入所要求的水平角，如150°10′20″	F1 150.1020 F4	V:　122° 09′ 30″ HR:　150° 10′ 20″ 置零　锁定　置盘　P1↓
随后，即可从所要求的水平角进行正常的测量		

(7)距离测量(N次测量/单次测量)

当输入测量次数后，仪器就按设置的次数进行测量，并显示出距离平均值。当输入测量次数为1时，因为是单次测量，仪器不显示距离平均值。

首先，确认处于测角模式，然后按表27所示步骤操作。

表27　距离测量步骤

操作过程	操　作	显　示
①照准棱镜中心	照准	V:　122° 09′ 30″ HR:　90° 09′ 30″ 置零　锁定　置盘　P1↓
②按[◢]键，连续测量开始	[◢]	HR:　170° 30′ 20″ HD* [r]　<<m VD:　m 测量　模式　S/A　P1↓
③当连续测量不再需要时，可按F1(测量)键×2，测量模式为N次测量模；当光电测距(EDM)正在工作时，再按F1(测量)键，模式转变为连续测量模式	F1	HR:　170° 30′ 20″ HD* [n]　<<m VD:　m 测量　模式　S/A　P1↓ HR:　170° 30′ 20″ HD:　566.346 m VD:　89.678 m 测量　模式　S/A　P1↓

注：①在仪器开机时，测量模式可设置为N次测量模式或者连续测量模式，参见“基本设置”。

②在测量中，要设置测量次数(N次)，参见“基本设置”。

(8)测站点坐标的输入

设置仪器(测站点)相对于坐标原点的坐标,仪器可自动转换和显示未知点(棱镜点)在该坐标系中的坐标,如图29所示。点的坐标输入操作步骤过程如表28所示。

电源关闭后,可保存测站点坐标,参见“基本设置”。

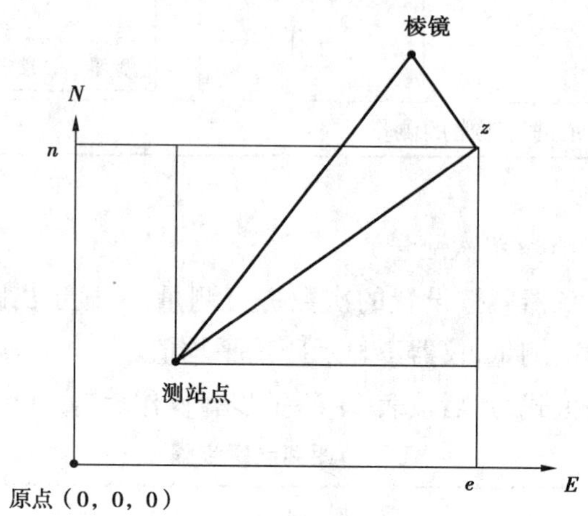

图29 各点相对位置

表28 点的坐标输入

操作过程	操 作	显 示
①在坐标测量模式下,按[F4](↓)键,转到第2页功能	[F4]	N: 286.245 m E: 76.233 m Z: 14.568 m 测量 模式 S/A P1↓ 镜高 仪高 测站 P2↓
②按[F3](测站)键	[F3]	N-> 0.000 m E: 0.000 m Z: 0.000 m 输入 --- --- 回车
③输入N坐标	[F1] 输入数据 [F4]	N: 36.976 m E-> 0.000 m Z: 0.000 m 输入 --- --- 回车

续表

操作过程	操　作	显　示
④按同样方法输入 E,Z 坐标,输入数据后,显示屏返回坐标测量显示		N: 36.976 m E: 298.578 m Z: 45.330 m 测量　模式　S/A　P1↓

(9)仪器高度的设置

电源关闭后,可保存仪器高,参见"基本设置",其操作步骤如表 29 所示。

表 29　仪器高度设置

操作过程	操　作	显　示
①在坐标测量模式下,按[F4](↓)键,转到第 2 页功能	[F4]	N: 286.245 m E: 76.233 m Z: 14.568 m 测量　模式　S/A　P1↓ 镜高　仪高　测站　P2↓
②按 F2(仪高)键,显示当前值	[F2]	仪器高 输入 仪高 0.000 m 输入　---　---　回车
③输入仪器高	[F1] 输入仪器高 [F4]	N: 286.245 m E: 76.233 m Z: 14.568 m 测量　模式　S/A　P1↓
输入范围: -999.999≤仪器高≤+999.999 m -999.999≤仪器高≤+999.999 ft -999.11.7≤仪器高≤+999.11.7 ft+inch		

(10)棱镜高度的设置

此项功能用于获取 Z 坐标值,电源关闭后,可保存目标高,参见"基本设置",其操作步骤如表 30 所示。

表 30　棱镜高度的设置

操作过程	操　作	显　示
①在坐标测量模式下,按 F4 键,进入第 2 页功能	F4	N:　286.245 m E:　76.233 m Z:　14.568 m 测量　模式　S/A　P1↓ 镜高　仪高　测站　P2↓
②按 F1 (镜高)键,显示当前值	F1	镜高 输入 镜高　0.000 m 输入　---　---　回车
③输入棱镜高	F1 输入棱镜高 F4	N:　286.245 m E:　76.233 m Z:　14.568 m 测量　模式　S/A　P1↓
输入范围: -999.999≤仪器高≤ +999.999 m -999.999≤仪器高≤ +999.999 ft -999.11.7≤仪器高≤ +999.11.7 ft + inch		

(11)用软键选择距离单位

通过软键可以改变距离测量模式的单位,此项设置在电源关闭后不保存,参见“基本设置”进行初始设置,此设置关机后仍被保留。其操作步骤如表 31 所示。

表 31　软键选择距离单位

操作过程	操　作	显　示
①按 F4 (↓)键转到第二页功能	F4	HR:170°　30′　20″ HD:　2.000 m VD:　3.678 m 测量　模式　S/A　P1↓ 偏心　放样　m/f/i　P2↓
②每次按 F3 (m/f/i)键,显示单位就可以改变; 每次按 F3 键(m/f/i)键,单位模式依次切换	F3	HR:170°　30′　20″ HD:　566.346 ft VD:　89.678 ft 偏心　放样　m/f/i　P2↓

2)实验步骤

在实训场地上选择2个已知点:BM点作为测站,安置全站仪;另一点A作为后视点,安置棱镜。

①在测站BM安置好全站仪后,按POWER键接通电源,熟悉全站仪各功能键。

②输入已知测站点BM的坐标,在照准后视点A上的棱镜中心后,输入A点的坐标。

③在各待测点安置棱镜测出各点的坐标、各待测点至测站点的平距及斜距,每人可测出2个待测点并记录相应数据。

4. 注意事项

①仪器存放于仪器盒时,应使有仪器编号的一面朝上放置。存放仪器时,应使仪器盒朝上放置,不得倒放,观测目标时必须照准棱镜中心后才能按“测量”键开始测量(针对有棱镜全站仪)。

②仪器长期不用时,应将电池卸下,电池应每2个月充电一次。

③仪器淋湿后,切勿通电开机,应用干净软干布擦干,并在通风处放置一段时间。

④测量作业前应仔细检查仪器,确定仪器各项指标、功能、电源、初始设置和改正数均符合要求方可进行作业。

⑤全站仪盘左、盘右以竖直度盘在照准部的左右来区分。HR为水平度盘读数,顺时针增大,HL为逆时针增大。

⑥未瞄准棱镜中心时,不得按“测量”键进行测量。

5. 实训记录与计算

每人填写全站仪测量记录表、导线坐标计算表(表32、表33)。

6. 习题

(1)全站仪测量的基本量为__________、__________、__________。

(2)全站仪的三轴是指__________、__________、__________。

(3)水准仪、经纬仪或全站仪的圆水准器轴与管水准器轴的几何关系为________。

表 32　全站仪测量记录表

日期：＿＿＿＿　天气：＿＿＿＿　班级：＿＿＿＿　组别：＿＿＿＿　观测：＿＿＿＿　记录：＿＿＿＿　仪器编号：＿＿＿＿

测站	后视	前视	仪高 镜高	竖盘 位置	水平度盘读数 /(°　′　″)	竖直度盘读数 /(°　′　″)	竖直角 /(°　′　″)	斜距 /m	平距 /m	高差 /m	x 坐标 /m	y 坐标 /m	高程 /m	备注
计算校核	$\sum\beta_{理} =$　　$f_{\beta容} =$　　$f_y =$　　$T =$													

表33　导线坐标计算表

日期：________　天气：________　班级：________　组别：________　观测：________　记录：________　仪器编号：________

点号	转折角 /(° ′ ″)	改正后角值 /(° ′ ″)	方位角 /(° ′ ″)	边长 /m	观测值			改正数			坐标值			备注
					X/m	Y/m	Z/m	ΔX/m	ΔY/m	ΔZ/m	X/m	Y/m	Z/m	
计算校核	$\sum\beta_{测}$ =				f_β =				f_x =			f =		

实训 14　全站仪的认识与使用(Ⅱ)

1. 目的与要求

①掌握用全站仪测绘大比例尺地形图的方法。

②该实训所用测图比例尺为 1∶100。

③碎部点距离及高程读数精确至厘米。

④水平角可用盘左位置观测,读数精确至分。

⑤绘制一段道路转角或花坛的圆弧部分,至少需要 5 个点。

⑥保持图面整洁,要随测随算随绘。

⑦必须瞄准棱镜中心后再按"测距(量)"键。

⑧距离或坐标测量模式下 P1 页面时 F1 键对应"测距(量)"键。

2. 计划与设备

①实训课时为 3 学时。

②全站仪 1 套、棱镜 1 套、比例尺 1 把、2 m 钢卷尺一把、量角器 1 个、绘图板 1 块、绘图纸 1 张、自备计算器 1 个。

3. 方法与步骤

①在实训场地上选择一周边开阔的地形,选测站点 BM,将全站仪在测站点对中、整平,用 2 m 钢卷尺量出仪器高度 h_1,并将该点展绘在图纸上。

②地面定向。确定测站点 BM(500.000,500.000,20.000)北方向,并在北方向距 BM 点大致 20.000 m 处竖棱镜,将该点 A 处棱镜整平,读出棱镜高度 H_1。将全站仪置于盘左,在角度测量模式下,将水平度盘设置为 0°00′00″,在测距模式下 P1 页按 F1 键测出测站 BM 与 A 点的水平距离 L_1(必须瞄准棱镜中心方可按 F1 测距(量)键),以 A 作为后视点。

③在坐标测量模式下,输入测站点 BM 坐标(500.000,500.000,20.000),仪高 h_1,镜高(后视点)H_1,后视点 A 坐标(N,E)(500.000 + L_1,500.000)。再次瞄准后视点棱镜中心,并按"测

距(量)”键,测出后视点的坐标并记录。在图纸上以 1∶100 比例尺确定北方向点 A。

④将棱镜移至各待测点 B,读出棱镜高 H_2 并输入,用望远镜瞄准棱镜中心,在坐标模式下按“测距(量)”键,即可读出该前视点 B 的水平距离、水平角度、坐标读数。选择各待测点时,应注意选择直线和圆曲线的交点 B、F,圆曲线中点 D 及在各交点与中点间内插点 C、E,可体现圆弧的基本特征的点。

⑤如图 30(a)所示,在图纸上以 BM 与 A 点的连线为起始方向,量出 α 角即为 B 点与直线 A BM 以 BM 为顶点的水平角度,在 BM 与 B 的方向线上,以 1∶100 的比例尺确定 B 点。在 B 点右侧注明高程,用坐标校核该点位置是否准确。

⑥按以上方法依次测绘出其他碎部点,并将各点按实地图形连接,角度测量均以 BM 与 A 点连线为基准,完成测图后仅留道路转角图,如图 30(b)所示。

⑦将测站点、后视点和前视点相应的读数记录在实训表格中。

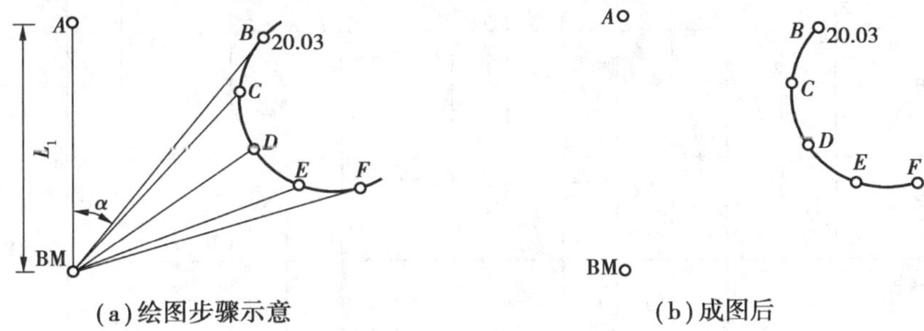

(a)绘图步骤示意　　(b)成图后

图 30　全站仪绘制地形图示意图

4. 注意事项

①全站仪的指标差进行检验与校正,指标差应不大于 1′。

②选择地物、地貌特征点作碎部点。

③在图纸上绘碎部点方向线时,应轻、细,定出碎部点后即可擦去。

④碎部点高程注记在点位右侧 1.5 mm 左右,字头向北。相近的碎部点,如高程变化较小,不必每点都注记高程。

⑤观测若干点后,应检查定向。

⑥绘图过程中保持图面整洁。应随测、随算、随绘。

5. 实验记录与计算

每人填写碎部测量记录表(表 34)。

表 34　碎部测量记录表

日期：________　天气：________　班级：________　组别：________　观测：________　记录：________　仪器编号：________

测站	后视	前视	仪高 镜高	竖盘 位置	水平度盘读数 /(°　′　″)	竖直度盘读数 /(°　′　″)	竖直角 /(°　′　″)	斜距 /m	平距 /m	高差 /m	x 坐标 /m	y 坐标 /m	高程 /m	备注

6. 习题

(1)将起始方向设置为0°00′00″是为了________________方便。

(2)碎部点高程注记的字头应向________。

(3)地形图测绘中,对于地物,应选择能反映地物形状的特征点作为碎部点,如房屋、道路的________,河流的________,以及独立地物的________。对于地貌,应选择________、________、________、________、________等坡度及方向变化处的地貌特征点作碎部点。

实训 15　三角高程测量

1. 目的与要求

①掌握三角高程测量的观测方法。

②掌握三角高程测量的计算方法。

2. 计划与设备

①实训课时为 2 学时。

②各实训小组由 4 ~6 人组成。

③各组成员每人在实训场地选定 2 点,用三角高程测量的方法测出两点间的高差。

④DJ_6 光学经纬仪 1 套或全站仪 1 套、标杆 2 根、50 m 钢卷尺 1 把、记录板 1 块、自备计算器 1 个。

3. 方法与步骤

在实训场地上选择 A、B 两点,相距约 60 m。如已知 A 点高程(实训假定 A 点高程为 H_d =26.000 m,则可用三角高程测量方法测出 B 点高程。

1) 距离丈量

用钢尺量距的一般方法测出 A、B 两点间的水平距离 D_{AB}。如果在已知距离的两点上进行三角高程测量,则不需进行距离测量工作。

2) 三角高程测量的观测

(1)往测

在 A 点安置经纬仪或全站仪,对中、整平,如图 31(a)所示。用钢卷尺量取仪器高度 i_1。在 B 点竖立标杆,量取标杆高度 l_1。用经纬仪或全站仪瞄准标杆顶部,测出竖直角 α。

(2)返测

在 B 点安置经纬仪或全站仪,在 A 点竖立标杆,用与往测相同的方法进行观测,如图 31(b)所示。

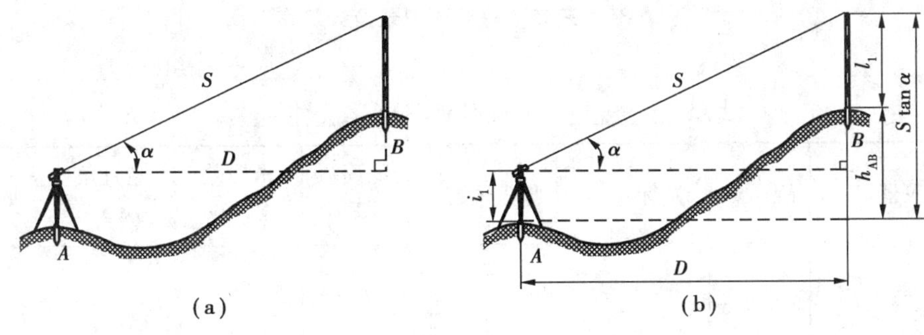

图 31　三角高程测量

3) 计算

往测高差：$h_{AB} = D_{AB}\tan\alpha_{AB} + i_1 - l_1$

返测高差：$h_{BA} = D_{BA}\tan\alpha_{BA} + i_2 - l_2$

如果往返测高差之差在容许范围之内，则取平均值；否则，需重测。

4) 技术要求

①仪器高、标杆高均精确量至 1 cm。

②往返测高差之差的容许误差为：

$$F_{h容} = \pm 0.4 \times D$$

式中　D——边长，km。

4. 注意事项

①竖直角观测时，应以中丝横切于目标顶部。

②对于有竖盘指标水准管的经纬仪，每次竖盘读数前必须使水准管气泡居中。

③安置好仪器后应及时量取仪器高，以免在测好后忘记量取仪高而移动了仪器。

④当 $D<400$ m 时，可不进行两差改正。

5. 实训记录与计算

每人填写三角高程测量记录及计算表(表 35)。

表 35　三角高程观测记录及计算表

日期：＿＿＿＿＿＿　天气：＿＿＿＿＿＿　班级：＿＿＿＿＿＿　组别：＿＿＿＿＿＿

观测：＿＿＿＿＿＿　记录：＿＿＿＿＿＿　仪器编号：＿＿＿＿＿＿

测站点	仪器高/m	觇　点	站标点/m	竖盘位置	竖盘读数/(° ′ ″)	指标差/(° ′ ″)	竖直角/(° ′ ″)	照准位置
				左				
				右				
				左				
				右				
				左				
				右				
				左				
				右				

6. 习题

(1)在三角高程测量中，大气折光差和地球曲率差对两点间高差的影响为(　　)。

A. 气差使高差减小，球差使高差增大　　B. 气差使高差增大，球差使高差减小

C. 气差、球差都使高差增大　　D. 气差、球差都使高差减小

(2)在三角高程测量中，采用对向观测可以消除(　　)对高差的影响。

A. 气差和球差　　B. 气差　　C. 球差　　D. 仪器横轴误差

实训16　经纬仪测绘地形图

1. 目的与要求

①掌握经纬仪视距测量方法，并在一个测站上进行地形测绘。

②掌握视距测量的计算方法。

③学会测绘一个测站的地形图。

2. 计划与设备

①实训课时2~3学时，每小组为4~5人。

②DJ_6光学经纬仪1台、脚架1个、水准尺2把、绘图板1个、30 cm量角器1把、比例尺1把、2 m钢尺1把、聚酯薄膜1张、大头针2个、自备铅笔1支、计算器1个、橡皮1块。

3. 方法与步骤

用经纬仪测绘1:100地形图（一个测站）的步骤如下，如图32所示。

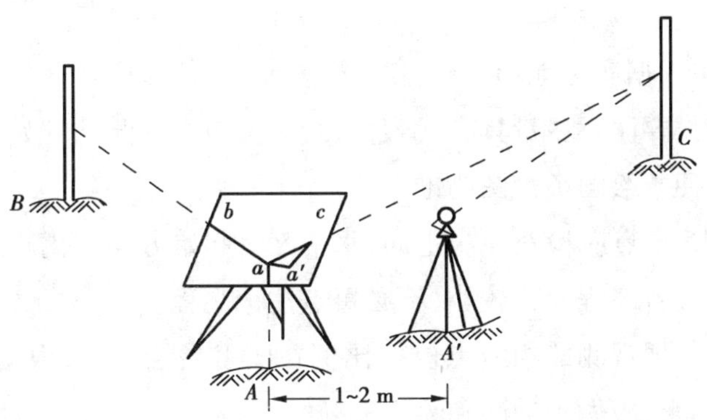

图32　各仪器位置示意图

①在测站点A安置经纬仪，将经纬仪对中、整平，量取仪器高（测站点至经纬仪横轴的高度，精确至厘米），给定测站点高程$H_A = 50.000$ m。

②定向。经纬仪盘左照准控制点B，水平度盘读数配置为0°00′00″，即以AB方向作为

水平角的起始方向(零方向)。在图纸中央选定一点 A,任选择 AB 方向作为此次测绘地形图上的零方向,将大头针穿过量角器的圆心小孔,扎入图上已展出的 A 点。

③经纬仪盘左照准另一控制点 C,读出水平度盘读数,该方向值即为 $\angle BAC$。用量角器在图上量取 $\angle BAC$,对两个角度进行比较,进行方向检查。

④转动望远镜微动螺旋,使十字丝的上下丝都在水准尺面上,消除视差,读取上丝读数 a、下丝读数 b,中丝读数 v。

⑤按公式计算。

视线倾斜时,高差的计算公式:

$$H = H_A + \frac{1}{2}kl\sin 2\alpha + i - v$$

视线倾斜时,水平距离的计算公式:

$$D = kl\cos^2\alpha$$

计算出碎部点的高程 H,测站点到碎部点的水平距离 D,并按水平角度 β、水平距离 D、碎部点高程 H 的顺序记录。

⑥绘图员在 AC 方向上按 1∶100 的比例尺计算并在图上定出 C 点,在点的右侧标注高程,高程注记至 cm,字头朝北。

⑦在测站周围 80 m 范围内选择地物地貌特征点,小组成员按事先商定好的测点顺序依次在碎部点上立尺,按照步骤③、④、⑤、⑥在图纸上展绘出各特征点,根据观察到的实际地形,连接所测地形特征点,绘制地形图。

4. 注意事项

①测图比例尺可根据实际地形地貌自行选定。

②碎部点选择时,要注意尽量具有代表性;绘图员应在一测站开始前巡视周围的地形,布置测点顺序,应以便于绘图员绘图为准。

③每观测 10 ~ 15 个点应检查一次定向,水平度盘起始方向变化超过 ±4′应重新定向。

④相近的碎部点,若高程变化较小,不必每点注记高程。

⑤在测量的同时,把观测的相应点位按比例在图上展绘出来,根据地物地貌形状用地形图图示符号表示出来,应做到随测随绘。

5. 记录与计算

每人填写经纬仪碎部测量记录表(表 36)。

6. 习题

(1)将经纬仪起始方向设置为 0°00′00″是为了________方便。

(2)碎部点高程注记的字头应向________。

(3)每观测 10 ~ 15 个点应检查一次,水平度盘起始方向变化超过 ±4′应重新________。

(4)在测量的同时,把观测的相应点位按比例在图上展绘出来,根据地物地貌形状用地形图图示符号表示出来,应做到____________________。

表 36　经纬仪碎部测量记录表

日期:________________　天气:______________　班级:______________　组别:______________

观测:________________　记录:______________　仪器编号:__________

点号	尺上读数			视距间隔/m	竖直角		水平角/(°　′　″)	水平距离/m	高程/m	备注
	下　丝	上　丝	中　丝		竖盘读数/(°　′　″)	竖直角度/(°　′　″)				

实训 17　数字测图野外数据采集(一个测站的碎部测量)

1. 目的与要求

①掌握用全站仪进行大比例尺地面数字测图外业数据采集的作业方法。

②采集一定地形要素的特征点,供数字测图内业成图使用。

2. 计划与设备

① 4 人以上为一组,1 人观测、1 人立镜、1 人画草图、1 人校核。

②完成一定点测量后轮换工作。

③全站仪 1 套、棱镜及对中杆 1 套、草稿纸若干(自备)。

3. 方法与步骤

1)说明

数字化测图根据所使用设备的不同,可采用 3 种方法,即草图法、编码法和电子平板法。

电子平板法由于数字测图成本高,学生实训中较少采用。

编码法由于要识记很多的地物编码,在学生实训中不宜采用,故本实训仅介绍草图法。

2)草图法数字测图的流程

外业使用全站仪测量碎部点三维坐标的同时,领图员应绘制碎部点构成的地物形状和类型,并记录下碎部点点号(必须与全站仪自动记录的点号一致)。内业将全站仪或电子手簿记录的碎部点三维坐标,通过成图软件(如 CASS)传输到计算机、转换成成图软件(如 CASS)坐标格式文件并展点,根据野外绘制的草图在成图软件(如 CASS)中绘制地物。

3)全站仪野外数据采集步骤

(1)安置仪器

在控制点上安置全站仪,检查中心连接螺旋是否旋紧,对中,整平,量取仪器高,开机。

(2)创建文件

创建文件,用于存储测量的点坐标数据。

(3)碎部点坐标测量

按全站仪测量坐标的方式(详见实训 13 中的“坐标测量”)测量出棱镜点的坐标,并将测量结果保存到前面输入的坐标文件中,同时将碎部点点号自动加 1 返回测量状态。再输入编码、镜高,瞄准第 2 个碎部点上的反光镜,按下坐标键,仪器又测量出第 2 个棱镜点的坐标,并将测量结果保存到前面的坐标文件中。按此方法,可以测量并保存其后所测碎部点的三维坐标。

绘草图的人员,应及时绘出所测要素的草图,并将构成要素的每个碎部点的点名标注上去,以便业内成图时使用。

4. 注意事项

①控制点数据由指导教师统一提供。

②在作业前应做好准备工作,全站仪的电池、备用电池均应充足电。

③外业数据采集时,记录及草图绘制应清晰、信息齐全,不仅要记录观测值及测站有关数据,同时还要记录编码、点号、连接点和连接线等信息,以方便绘图。

5. 实训记录与计算

填写野外观测数据文件(从全站仪传输到电脑中)、草图(内业成图完一起上交)、实验报告表(表 37)。

表 37　实验报告

日期:________________　天气:______________　班级:______________　组别:______________

观测:________________　记录:______________　仪器编号:__________

实验场地布置草图	
实验主要步骤	
实验总结	

6. 习题

(1)数字化测图根据所使用设备的不同,可采用________、________、________3 种方式实现。

(2)简述草图法数字测图的流程。

实训 18　数字地图绘制

1. 目的与要求

①了解数字化成图的主要步骤。

②学会使用 AutoCAD 或数字测图软件绘制数字地图。

③按比例尺 1:500 绘制地图。

2. 计划与设备

①实训课时为 2 ~ 3 学时。

②各实训小组由 4 人组成,可按实训小组为单位在计算机房或在学生自己的计算机上进行实训。

③各组根据全站仪采集得到的数据绘制一幅地形图。

④各小组的实验器材:计算机 1 台、AutoCAD 或数字测图软件 1 套。

3. 方法与步骤

本实训选择利用数字测图软件或 AutoCAD 中的一种方法进行。

1) 利用数字测图软件进行编码数字化成图

根据全站仪野外数据采集时输入的编码信息,通过专用的数字成图软件,计算机调用相应的线型自动连线成图,或生成非比例符号,并根据地物类别存入相应的图层。主要包括以下步骤:

①将全站仪野外采集的数据文件转换为数字测图软件中定义的格式。

②打开文件后,调用数字测图软件的绘图处理功能,进行编码数字化成图。

③根据现场绘制的草图,对软件自动生成的地形图进行编辑、修改。

④根据地形图整饰,形成最终的数字地图图形文件,通过数字绘图仪打印成图。

2)利用 AutoCAD 成图

没有专用的数字成图软件时,也可以根据野外测得的坐标数据利用通用的 AutoCAD 软件绘制数字地图。具体方法可以根据指导教师的要求和同学使用的熟练程度,选择利用键盘输入数据绘制或者利用 VisualLisp 编制程序绘制。

在利用键盘输入数据进行数字地图绘制时,首先应调用 AutoCAD 的图层管理功能。按地形图图示中划分的地形要素类别,如测量控制点、居民地、工矿企业建筑和公共设施、独立地物、道路及附属设施、水系及附属设施、植被等,分别创建相应的图层,以便将测图的内容进行分层存放,并对各图层的颜色和线型进行设置。然后,根据野外采集的地物特征点坐标,用键盘逐点输入,参照数据采集时现场绘制的草图进行连线,编辑成图。

(1)按比例符号的绘制

按比例符号绘制的主要是一些一般地物的轮廓线,按比例缩小后,图形保持与地面实物相似,如房屋、农田、湖泊等。这些符号一般是由直线段、曲线段等图形元素组合而成,可以通过 LINE、PLINE、CIRCLE、ARC 等作图命令来绘制这些图形;对地面的植被、耕地等,按图示规定需绘制特定的代表性符号均匀分布在图上相应范围内,可以用面填充命令 HATCH 进行绘制。

(2)非比例符号的绘制

非比例符号主要是指一些独立的、面积较小但具有重要意义或不可忽视的地物,如测量控制点、水井、消防龙头等。非比例符号的特点是仅表示地物中心点的位置,而不表示其大小。对这些符号的处理,可先按图式标准在 AutoCAD 中用绘图命令绘出这些符号,然后用 WBLOCK 命令将其存放于计算机符号库中。在成图时,按其位置用 INSERT 命令调用相应的符号名,即可将其绘制在图上。

(3)线型符号的绘制

线型符号在地图上代表一些线状地物,如围墙、斜坡、境界、篱笆等。这些符号的特点是在长度上依比例、在宽度上不依比例。在处理这些符号时,可通过 PLINE、CIRCLE、POINT、ARC 等来绘制这些图形,也可以利用 MIRROR、ARRAY 等命令辅助绘制。

(4)注记的绘制

注记分为数字注记、文字注记。数字注记和字母可采用 TEXT 或 DTEXT 等命令进行直接注记;文字注记,应先通过 STYLE 命令选择所采用的汉字字体,然后用 TEXT 命令进行文字注记。

在图形编辑时,可充分利用 AutoCAD 中的编辑功能,如 COPY、MOVE、ERASE、EXTEND、TRIM、ROTATE、SCALE 等命令对图形进行编辑,使之成为符合要求的数字地图。

4. 注意事项

①数据处理前,要熟悉所采用软件的工作环境及使用方法。

②绘制的数字地图,必须符合相应的比例尺地形图图式的规定。

5. 实训记录与计算

每组上交一份绘制好的数字地图文件或打印好的地图。

6. 习题

(1)地形图的地物符号包括____________、____________、____________。

(2)在地形图上,对某个具体地物采用比例符号还是非比例符号表示取决于________。

(3)数字地图是以__________________________________形式记录和存储的地图。

实训 19　土地平整测量外业

1. 目的与要求

①了解和掌握土地平整测量外业的步骤、方法。

②掌握用简便方法在测区内布置方格网的技术。

③能用面水准法测定方格网角点高程。

④每组施测面积为 3×3 个方格组成的地块,绘制测量草图。

2. 计划与设备

①计划课时为 2 学时。

②DS_3 水准仪 1 套、水准尺 1 根、皮尺 1 把、测钎 2 根、锤子 1 把、木桩 16 个(也可作临时记号)、记录板 1 块、纵断面测量记录表。

3. 方法与步骤

(1)实地布设方格网

在选定的缓坡或较平坦的实训场地上,以地块长度方向的中线或某一边,用标杆定一条基线,在基线上按选定的方格边上打桩,再在打桩处用“勾股弦”法、等腰三角形法或用直角规(实际上是一个标准的十字架)标定与其基线垂直的断面线,以便布设正方形或矩形的方格网。方格的边长取决于平整地块的大小、地貌复杂程度和要求的计算精度,边长越短,土方量越精确,但增大了外业、内业的工作量,所以应合理地确定边长。一般选用5 m 的倍数,即 5 m、10 m、15 m、20 m 等。方格点均打桩作标志,按从左至右、从上到下顺序编号,并将编号写在木桩侧面。布好方格后,在备用白纸上按比例(1/200 ~ 1/500)绘图,并注明比例尺、磁北方向、方格边长和角点编号等,如图 33 所示。

在实际工作中,还将测区内的重要地物,如道路、电杆、渠道、水闸、涵洞等,按所在位置测绘于相应的方格内,以供平整作业时参考。

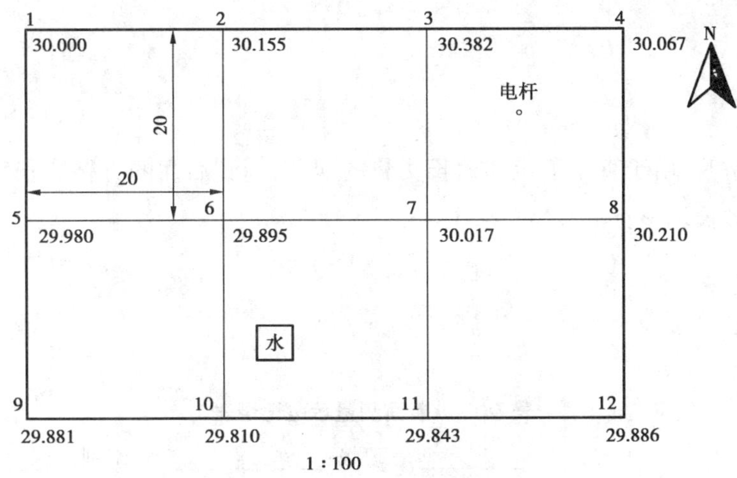

图 33　土地平整测量外业草图(单位:m)

(2)方格角点地面高程的测定

测量角点地面高程常用面水准测量法,将水准仪安置在某一方格内,能够看到的角点越多越好。例如,平整地块附近有水准点,最好联测出方格网点的绝对高程;如果没有绝对高程,习惯把第一点作为假定高程点(设高程为 30.000 m),也是第一个后视点。在水准仪安置处,能够看到的角点越多越好。一个测站测不完时,可设转点继续施测,直到完成所有角点高程的测量。如果时间允许,各角点高程应测两遍,误差在 20 mm 以内的,取其平均值作为最后的角点高程。课间实训时间短,一般只测一遍,但在承担生产任务时必须测两遍,以便检查。

(3)观测成果整理

整理外业观测成果,将各角点高程标注在草图上,如图 33 所示。

4. 注意事项

①测量角点高程时,标尺应立在木桩的地面上,并具有一定代表性。

②每安置一次水准仪就有一个视线高程。

③有条件时,角点高程应测两次,以便比较。

5. 实训记录与计算

将观测数据记录在纵断面测量记录表中,填写样表见表 38,空表见表 39。表中,视线高程 = 后视点高程 + 后视读数,转点高程 = 视线高程 − 前视转点读数,中间点高程 = 视线高程 − 中间点标尺读数。

6. 习题

在布置方格时,由于直角测定和边长丈量的误差,越到后面的方格边长误差越大,该怎样进行适当的边长调整?

表 38　纵断面测量示范记录表

日期:________ 天气:________ 班级:________ 组别:________

观测:________ 记录:________ 仪器编号:________

桩　号	后视读数	视线高程	前　视		高　程	备　注
			转　点	中间点		
1	1.025	21.025			20.000	假设1号点高程为20.000 m
2				0.870	20.155	
3	0.901	21.283	0.643		20.382	
4				1.216	20.067	

表 39　纵断面测量记录表(m)

日期:________　天气:________　班级:________　组别:________

观测:________　记录:________　仪器编号:________

桩　号	后视读数	视线高程	前　视		高　程	备　注
			转　点	中间点		

实训20　土地平整土方计算

1. 目的与要求

①熟悉土地平整方格网法土方计算的详细步骤和方法。

②掌握土地平整设计高程和挖方、填方的计算。

③每人结合外业观测成果，上交一份内业计算报告。

2. 计划与设备

①实训课时为2学时。

②内业计算。

3. 方法与步骤

(1)整理和检查外业观测成果

在内业计算前，应先对外业观测成果进行最后检查。检查项目主要有外业记录手簿和草图，看二者是否一一对应。

(2)计算设计高程 H_m

设计高程 H_m 的确定，一般用加权平均值法，就是把各方格点的高程分别乘上该高程在计算土方时所使用的次数（即各角点的权重），求得总和再除以各方格点权数总和，即：

$$H_m = \frac{\sum H_i P_i}{4n}$$

式中：H_i——方格点的地面高程；

P_i——方格点的权重；

n——方格个数。

某角点与其他方格无关时，其权重为1，如图30中的 P_1、P_4、P_9 和 P_{12} 都等于1；某方格角点与另一方格为邻时，其权重为2，如 P_2、P_3、P_5 等；与另两个方格为邻时，其权重为3，图

34 中没有这种点;某角点为 4 个方格的交点时,其权重为 4,如 P_6、P_7。

现根据图 33 中的地面高程,举例计算如下;

$$H_m = [1 \times (30.000 + 30.067 + 29.881 + 29.686) + 2 \times (30.155 + 30.382 + 29.980 + 30.210 + 29.810 + 29.843) + 4 \times (29.895 + 30.017)]/(4 \times 6) = 30.002(\text{m})$$

(3)计算挖、填深度

挖、填深度 = 地面高程 - 设计高程

"+"号为挖深,"-"号为填高。将各方格点的挖深或填高标于计算草图,看起来一目了然,如图 34 所示。

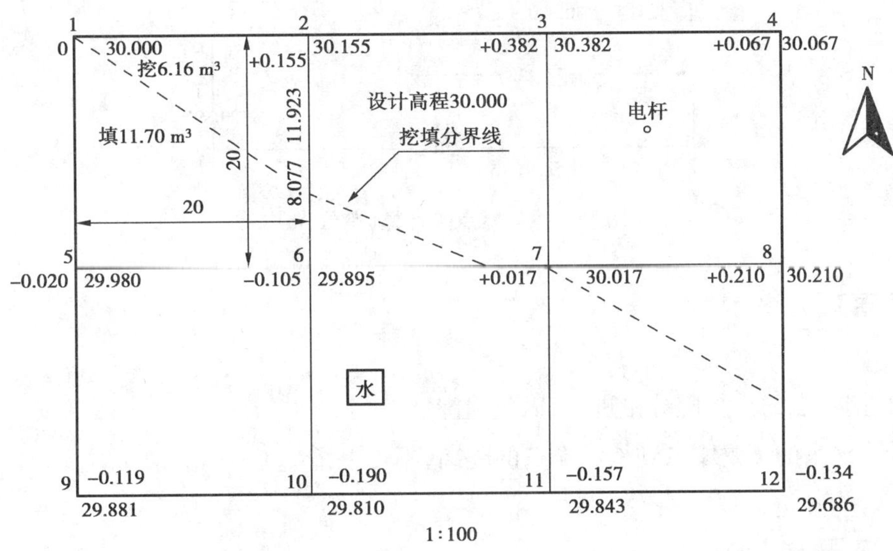

图 34　土地整平内业计算草图(单位:m)

(4)绘制挖填分界线

当方格边的一端为挖深、另一端为填高时,其间必有不挖不填的一点,此点称为"挖填零点",简称"零点"。把相邻的零点用直线连接起来,称为"零线",也就是挖填分界线。

零点计算按下式进行:

$$x = dh_1/(h_1 + h_2)$$

式中　x——零点至挖深为 h_1 的方格点的距离;

d——方格边长;

h_1,h_2——方格边两端点的挖深、填高。

以图 34 中的 2—6 边为例,$x = dh_1/(h_1 + h_2) = 20 \times 0.155/(0.155 + 0.105) = 11.923(\text{m})$,如图 35 所示。其他有挖深和填高的边,也用同样方法计算出来,最后用直线将零点依次连接起来,即得挖填分界线,如图 34 所示。

(5)计算挖填土方量

从图34可看出,有三角形4个、四边形4个(其中正四边形两个)、五边形2个。计算挖填土方时应逐格进行,在1—2—5—6方格,挖方底面为一三角形,填方底面为一四边形,挖方和填方分别为:

挖方 $=20\times11.923/2\times(0.155+0+0)/3=6.16(m^3)$

填方 $=(20+8.077)\times20/2\times(0.105+0.020+0+0)/3=11.70(m^3)$

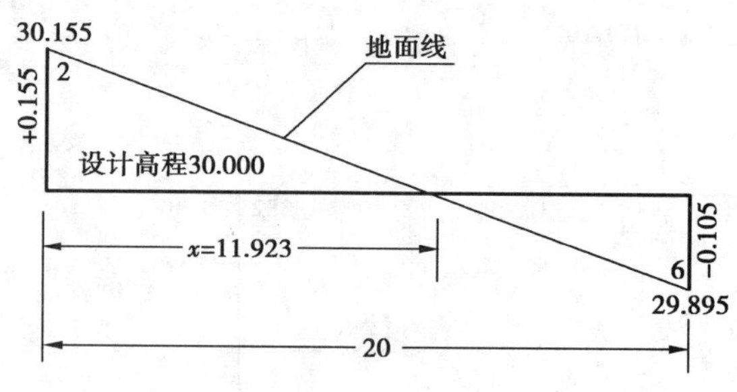

图35 挖填零点的计算(单位:m)

4. 注意事项

①填、挖零点的计算应分格进行,以免遗漏。

②计算出来的 x 是零点到挖深端点的距离,不可混淆。

5. 实训记录与计算

计算出各方格的挖填土方,并写在方格的适当位置,将各方格的挖方加起来即为总挖方数,同理将各个填方加起来即为总填方数。最后,将土方计算结果填于土地平整挖、填土方计算汇总表,填写样表见表40,空白表格见表41。

表40 土地平整挖、填土方计算汇总表

日期:______ 天气:______ 班级:______ 组别:______

观测:______ 记录:______ 仪器编号:______

方格角号	1—2—5—6	2—3—6—7	3—4—7—8	5—6—9—10	6—7—10—11	7—8—11—12	合计
挖方/m³	6.16						
填方/m³	11.70						

表 41　土地平整挖、填土方计算汇总表

方格角号										合　计
挖方/m^3										
填方/m^3										

6. 习题

(1)请比较用加权平均值和算术平均值计算设计高程的结果有何不同?

(2)填挖零点的计算有何规律?

实训 21　建筑物轴线放样与高程测设

1. 目的与要求

①掌握建筑物轴线放样的基本方法。

②掌握建筑施工测量中高程测设的基本方法。

2. 计划与设备

①实训课时为 2 学时，每组 4 人，轮流操作。

②DJ_6 光学经纬仪 1 套、钢尺 1 把、DS_3 水准仪 1 套、水准尺 1 根、木桩和小钉各 6 个、铁锤一把、记录板 1 块、计算器 1 个。

3. 方法与步骤

(1)任务设计

在较平坦的地面上选定相邻约 40～50 m 的 A、B_1 两点，打下木桩。自 A 点起沿 AB_1 方向用钢尺往返量取 AB = 28.500 m，在 B 点打下木桩。

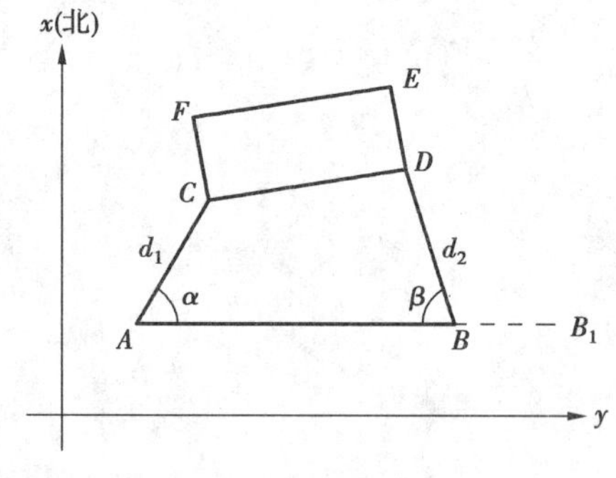

图 36　控制点及建筑物设计(略)

如图 36 所示，假设 AB 平行于测量坐标系的横轴，A、B 点是已知测量控制点。现设计一建筑物，其轴线为 $CDEF$，给出 C、D 点的设计坐标，DE 的设计距离为 8.4 m。先要将建筑物轴线点 C、D、E、F 测设于地面上。拟采用极坐标法放样，已知数据与观测数据见表 42。同时，设 A 点高程为 H_A = 20.000 m，要求在轴线点 C 上测设高程 H_C = 20.100 m。

(2)测出数据计算

图 36 中，在 A 点设站，极坐标法放样 C 点的放样数据为 d_1、α；同理，在 B 点设站，放样 D 点的放样数据为 d_2、β。根据以下公式计算测设数据，记录于表 42。

$$d_1 = \sqrt{(x_C - x_A)^2 + (y_C - y_A)^2} = \sqrt{\Delta x_{AC}^2 + \Delta y_{AC}^2}$$

$$\alpha = \alpha_{AB} - \alpha_{AC} = 90° + \arctan\frac{y_C - y_A}{x_C - x_A} = 90° - \arctan\frac{\Delta y_{AC}}{\Delta x_{AC}}$$

$$d_2 = \sqrt{(x_D - x_B)^2 + (y_D - y_B)^2} = \sqrt{\Delta x_{BD}^2 + \Delta y_{BD}^2}$$

$$\beta = \alpha_{BD} - \alpha_{BA} = 90° + \arctan\frac{y_D - y_B}{x_D - x_B} = 90° + \arctan\frac{\Delta y_{BD}}{\Delta x_{BD}}$$

表42　控制点及设计点假定坐标表

已知点坐标/m			设计点坐标/m		
点　号	X	Y	点　号	X	Y
A	256.400	310.130	C	268.600	317.230
B	256.400	338.630	D	271.600	337.330

(3)建筑物轴线测设

①在 A 点安置经纬仪，盘左瞄准 B 点(直接瞄准 B 点木桩上的小钉)，将水平度盘读数配置为测设角度 α。逆时针旋转照准部，当水平度盘读数约为0°时制动照准部，转动照准部微动螺旋使水平度盘读数为0°00′00″，在地面视线方向上定出 C' 点，从 A 点在 AC' 方向上用钢尺量平距 d_1(往返丈量)，打一木桩。再在木桩上重新测设角度 α 和平距 d_1，得 C' 点；同理，盘右在木桩上测设角度 α 与 d_1 得 C''，取 $C''C'$ 的中点 C 即为轴线点 C 的测设位置。

②在 B 点设站，同法测设出 D 点。不同之处是测设 β 角度时，应先瞄准 A 点，将水平度盘配置为0°00′00″，再顺时针转到 β 角时，即为测设方向。

③用钢尺往返丈量 CD，丈量值与设计值得相对误差应小于1/3 000；若满足精度要求，调整 C、D 点位置，使其等于设计值。若不满足精度要求，重新测设。检核记录结果，计算填于测设成果检核表。

④在 C 点设站，测设直角，在直角方向上测设距离 $CF = 8.400$ m，得到 F 点。用钢尺往返丈量 CD，与设计值得相对误差应小于1/3 000。

⑤在 D 点设站，测设直角，在直角方向上测设距离 $DE = 8.400$ m，得到 E 点。用钢尺往返丈量 FE，与设计值得相对误差应小于1/3 000。

(4)高度测设

在 A、C 点中间安置水准仪，读取 A 点的后视读数 a，则 C 点前视应有读数 $b = H_A + a - H_C$，将水准尺紧贴 C 点木桩上下移动，直至前视读数为 b 时，沿尺底面在木桩上画线，则画线位置即为高程测设位置。

将水准尺底面置于画线处设计高程位置，测量 A、C 两点之间的高差 h'_{AC} 与设计 h_{AC} ($h_{AC} = H_C - H_A$)，其差值应在 ±8 mm 范围内。

4. 注意事项

①实训之前，应计算好放样所需测设数据，并要进行检验核算。

②放样过程中，每操作一步均需检核。检核无误后再进行下一步的操作。

5. 实训记录与计算

实训结束后，每人上交测设数据计算表和测设成果检核表（表43、表44）。

表43　测设数据计算表

日期：________ 天气：________ 班级：________ 组别：________

观测：________ 记录：________ 仪器编号：________

边	ΔX/m	ΔY/m	平距 D/m	坐标方位角 /(° ′ ″)	测设角度 /(° ′ ″)
AB				90°	α =
AC					
BD				270°	β =
BA					

表44　测设成果检核表

日期：________ 天气：________ 班级：________ 组别：________

观测：________ 记录：________ 仪器编号：________

边	设计边长 D/m	丈量边长 D'/m	相对误差（$\Delta D/D$）
CD			
FE			
CE（或 DF）			

6. 习题

（1）测设点位的方法有________、________、________、________。

（2）测设的基本工作包括________、________、________。

实训 22　高程与坡度线测设

1. 目的与要求

①掌握已知高程的测设方法。

②掌握已知坡度线的测设方法。

③测设坡度为 2%，每 10 m 布设一测设点，两点间为上坡线路。

④高程检核时，观测高差与设计高差不应超过 5 mm。

2. 计划与设备

①实训课时为 2 学时，每小组为 4 人。

②每组测设一条已知坡度的坡度线。

③全站仪 1 套、棱镜 1 套、DS_3 水准仪 1 套、水准尺 1 把、榔头 1 把、木桩 10 个、小铁钉 10 个、油漆、毛笔。

3. 方法与步骤

(1)直线定向

①计算：设线路长度 AB 为 50.000 m，A 点桩顶高程 $H_A = 20.000$ m，坡度 $i = 2\%$，每 10 m布设一测设点，计算各桩顶高程 $H_{i设} = H_A + D \times i$。

②在实训场地上选择相距 50 m 的两点 A、B。先选一点 A，打上木桩，在木桩顶钉入小铁钉。将全站仪安置于 A 点，对中、整平。选一方向，将全站仪视线在此方向线固定，前后移动棱镜量取 50.000 m，在该点钉入木桩，并在木桩顶钉入小铁钉即为 B 点，此 A、B 两点小铁钉的距离即为 50.000 m。

③在 A、B 方向线上，用全站仪定向，每 10.000 m 钉入一木桩，即为定向。

坡度线测设示意如图 37 所示。

(2)测设

①在 A、B 间安置水准仪，在 A 点竖水准尺，读取 A 尺读数 a，则仪器视线高程为 $H_i = H_A + a$。

②在 B 点竖水准尺，读出 B 尺读数 b，则 B 点高程 $H_B = H_i - b$，B 点实际高程和设计高程差为 $V_B = H_B - H_{B设}$。若 V_B 为正值，表明 B 点地面高程比设计值高，需要下挖；若 V_B 为负值，表明 B 点地面高程比设计值低，需要上填。只需在木桩上用油漆注明挖、填高度即可。

③用此方法进行其余各点的测设，则各点填挖高度线即位于设计坡度线上。

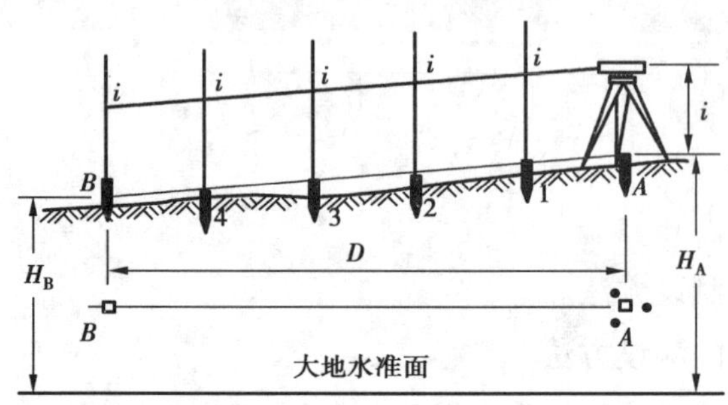

图 37　坡度线测设示意图

4. 注意事项

①直线定向时，全站仪必须对中、整平。

②高程测设时，水准仪读数前必须符合气泡符合。

5. 实训记录与计算

每人填写高程测设记录表（表 45）。

6. 习题

（1）若 A 为已知点，B 为未知点，则仪器视线高程为________加上 A 点高程，B 点高程为仪器视线高程减去____________________。

（2）坡度是地面上两点间的________与________的比值。

（3）高程测设时，读数前必须使________________符合。

表 45　高程测设记录表

日期：＿＿＿＿＿＿＿　天气：＿＿＿＿＿＿　班级：＿＿＿＿＿＿　组别：＿＿＿＿＿＿

观测：＿＿＿＿＿＿＿　记录：＿＿＿＿＿＿　仪器编号：＿＿＿＿

水准点号	水准点高程/m	后视读数/m	视线高程/m	测设点号	前视读数/m	测设点实测高程/m	实测高程－设计高程/m	挖填高度/m		备　注
								+	－	

实训 23　圆曲线测设

1. 目的与要求

①掌握圆曲线主点的计算及测设方法。

②掌握用偏角法、直角坐标法计算及测设圆曲线细部点的方法。

③角度计算精确至秒，长度计算精确至 cm。

④由 *ZY* 方向起测设细部点到 *YZ* 点时，测设的 *YZ* 点应与测设圆曲线主点所定的点重合。若不重合，则闭合差不得超过如下规定：

a. 半径方向（横向）小于 ±0.1 m；

b. 切线方向（纵向）小于 $\pm L/1\ 000$（L 为曲线长）。

2. 计划与设备

①实训课时为 3 学时。

②每组完成一圆曲线的测设，除 3 个主点外，至少测 4 个细部点。

③全站仪 1 套、棱镜 1 套、榔头 1 把、木桩 10 个、小铁钉 10 个。

3. 方法与步骤

1）全站仪偏角法测设圆曲线

全站仪偏角法测设圆曲线，如图 38 所示。

（1）圆曲线主点及细部点的测设计算

圆曲线的主点包括圆曲线的起点 ZY（直圆）点，圆曲线的中点 QZ（曲中）点。圆曲线的终点 YZ（圆直）点。

①圆曲线主点测设计算

设需测设圆曲线半径 $R = 60.000$ m，转折角 $\beta = 120°$，JD 桩号为 120 + 300.00，线路的转向角 $\alpha = 180° - 120° = 60°$，则：

$$切线长\ T = R\tan\frac{\alpha}{2}$$

$$圆曲线长\ L = \frac{\pi}{180^\circ}\alpha R$$

$$外矢距\ E = R\left(\sec\frac{\alpha}{2} - 1\right)$$

$$切曲差\ q = 2T - L$$

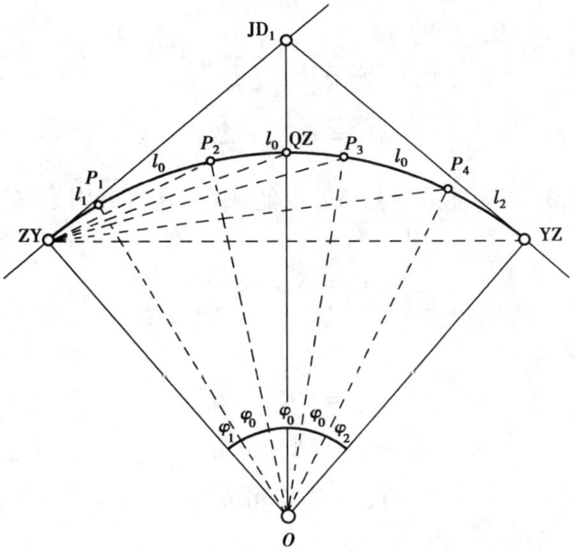

图 38　偏角法测设圆曲线

②主点桩号计算

通常根据交点的桩号来推算圆曲线上各点的桩号，已知交点桩号，可求出圆曲线主点的桩号，计算如下：

$$\text{ZY 桩号} = \text{JD 桩号} - T$$

$$\text{QZ 桩号} = \text{ZY 桩号} + \frac{L}{2}$$

$$\text{YZ 桩号} = \text{QZ 桩号} + \frac{L}{2}$$

为检验计算是否正确，可用切曲差 q 来验算，检验公式为：

$$\text{YZ 桩号} = \text{JD 桩号} + T - q$$

③圆曲线细部点的计算

要求在圆曲线上测设里程桩号为整 10 m 的各细部点。设圆曲线起点 ZY 点至第一个细部点 P_1 的弧长为 l_1，偏角为 δ_1；在余下的细部点测设时，通常各桩间的弧长相等，为 10.00 m。设两桩之间的弧长为 l_0，偏角的增量为 $\Delta\delta_0$，最后一段弧长为 l_n，其偏角增量为 $\Delta\delta_n$，则各桩的偏角可按以下公式计算：

$$\delta_1 = \frac{l_1}{2R}\rho = \frac{l_1}{2R} \times \frac{180°}{\pi}$$

$$\Delta\delta_0 = \frac{l_0}{2R}\rho = \frac{l_0}{2R} \times \frac{180°}{\pi}$$

$$\delta_2 = \delta_1 + \Delta\delta_0$$

$$\delta_3 = \delta_1 + 2\Delta\delta_0$$

……

$$\Delta\delta_n = \frac{l_n}{2R}\rho = \frac{l_n}{2R} \times \frac{180°}{\pi}$$

$$\delta_n = \delta_{n-1} + \Delta\delta_n$$

式中 $\rho = 206\ 265''$，δ_n 即为曲线终点 YZ 点的偏角，其值可用 $\frac{\alpha}{2}$ 来校核，即：

$$\delta_n = \delta_{YZ} = \frac{\alpha}{2}$$

各点之间的弧长为：

$$c_1 = 2R \sin \delta_1$$

$$c_0 = 2R \sin \Delta\delta_0$$

$$c_n = 2R \sin \Delta\delta_n$$

(2)测设

①圆曲线主点测设

在实训场地上选定 3 点 JD_1、JD_1、JD_2，如图 39 所示，以 JD 作为路线交点，JD_1JD、$JDJD_2$ 作为两个直线方向，JD 距 JD_1、JD_2 的距离大于 40 m，转折角 β 为 120°。在 3 点上打木桩、钉小钉。根据计算得圆曲线主点要素值，按如下步骤测设圆曲线的主点。

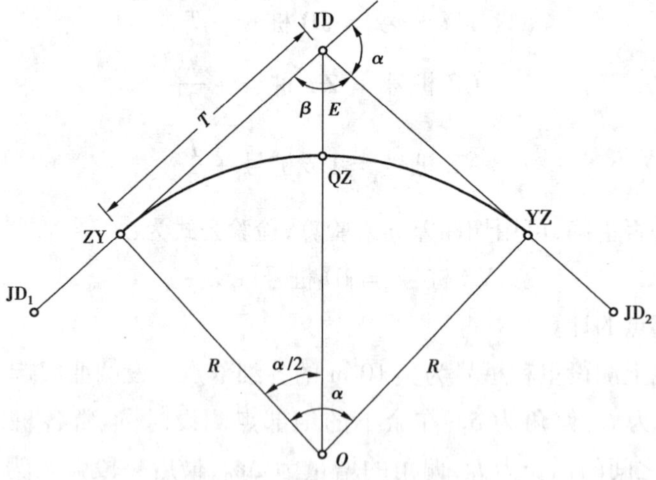

图 39　圆曲线主点测设

a. 圆曲线起点 ZY 点的测设。在交点 JD 安置全站仪，后视 JD，自 JD 沿该方向竖棱镜量取切线长 T，在地面打木桩标出确定的起点 ZY 点。

b. 圆曲线终点 YZ 点的测设。全站仪照准 JD_2 点，自 JD 沿该方向竖棱镜量取切线长 T，在地面打木桩标出确定的终点 YZ 点。

c. 圆曲线中点 QZ 点的测设。在 JD 点用全站仪后视 ZY 点（或前视 YZ 点）方向，测设水平角$\frac{180° - \alpha}{2}$，定出路线转折角的角平分线方向即为曲线中点方向。然后，沿该方向量取外矢距 E，在地面标定出圆曲线的中点 QZ 点。

②细部点的测设

a. 安置经纬仪于 ZY 点，照准 JD，将水平度盘读数配置为 0°00′00″。

b. 转动照准部，使水平度盘读数为 δ_1，在此方向移动棱镜，量出弦长 l_1，定出 P_1 点。

c. 转动照准部，使水平度盘读数为 δ_2，在此方向移动棱镜，量出弦长 l_2，定出 P_2 点；用此方法依次定出曲线上其他各点。

d. 测设出 YZ 点，以做校核。该点位应与圆曲线主点测设的的点位相同，若不重合，应在允许偏差范围之内，取两点的中点作为测设的 YZ 点。

2）全站仪坐标法测设圆曲线

全站仪坐标法测设圆曲线如图 40 所示。

（1）测设前计算坐标数据

①计算圆曲线主点坐标

ZY 点坐标：$X_{ZY} = X_{JD} - T \cdot \cos \alpha_{JD-JD_1}$

$Y_{ZY} = Y_{JD} - T \cdot \sin \alpha_{JD-JD_1}$

YZ 点坐标：$X_{YZ} = X_{JD} + T \cdot \cos \alpha_{JD-JD2}$

$Y_{YZ} = Y_{JD} + T \cdot \sin \alpha_{JD-JD2}$

QZ 点坐标：$X_{QZ} = X_{JD} + E \cdot \cos \alpha_{JD-QZ}$

$Y_{YZ} = Y_{JD} + E \cdot \sin \alpha_{JD-QZ}$

②计算里程桩号为 10 m 整桩点坐标

坐标方位角：$\alpha_{ZY-i} = \alpha_{ZY} \pm \Delta_i$（$\Delta_i$ 在切线的顺时针方向为“+”，逆时针方向为“-”）

弦长：$C_i = 2R \cdot \sin \Delta_i$

10 m 整桩点坐标：

$$X_i = X_{ZY} + C_i \cdot \cos \alpha_{ZY-i}$$

$$Y_i = Y_{ZY} + C_i \cdot \sin \alpha_{ZY-i}$$

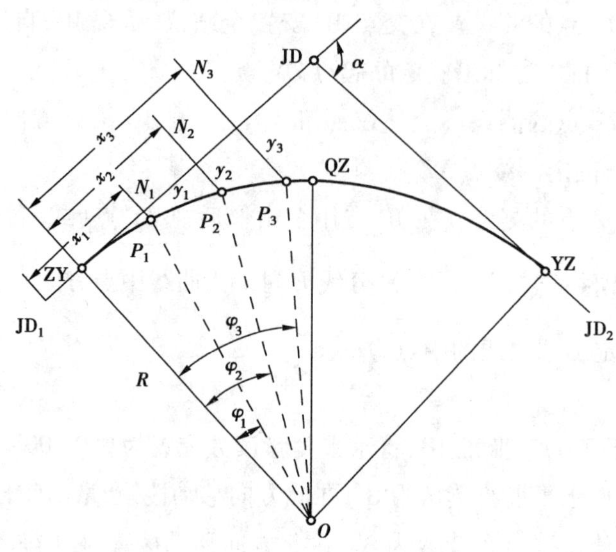

图 40　全站仪坐标法测设圆曲线

(2)全站仪坐标法测设圆曲线

打开全站仪开关,选择文件管理,设置文件名,输入 JD_1,JD,JD_2,…已知点坐标,在输入计算后的测设点坐标,保存。测现场测设的步骤为:

①安置全站仪于 JD 上,对中、整平;

②在“程序”菜单中选择“放样”功能,选取 JD 点设置为测站,量取仪器高并输入全站仪对应的功能下,照准 JD_1,用 JD_1 坐标定向(或方位角 α_{JD-JD1} 定向)。

③在仪器中选取放样点,按“测距”键,按照全站仪箭头指示方向移动棱镜至放样点后按“确定”键,以此方法分别测设圆曲线 ZY、QZ、YZ 及各整桩点,将各放样点在地面上全部标定出来。

4. 注意事项

①测设数据计算应检查无误后方能使用。

②用偏角法要求在 ZY(YZ)点上设站,从两端向中点进行测设,如果在该点上不便观测,可先在 ZY(YZ)或 JD 上设站,用支导线方法在方便量距的地方设置新测站,用极坐标法放样。

③用全站仪偏角法测设圆曲线时,可通过独立的坐标换算转换成测量坐标后,在任意测量点上设站,校核测量点位精度。

④计算曲线整桩点方位角时,偏角在切线的顺时针方向为“+”,逆时针方向为“-”。

5. 实训记录与计算

每人填写圆曲线测设计算表和圆曲线测设数据记录表(表 46、表 47)。

6. 习题

(1)圆曲线主点测设元素包括________、________、________、________。

(2)在圆曲线测设中,JD 表示________,ZY 表示________,QZ 表示________,YZ 表示________。

(3)路线测设中,曲线有________曲线和________曲线。

(4)传统的经纬仪偏角法测设圆曲线,用经纬仪与钢尺在 ZY 点上,后视 JD 点实质上是经纬仪给出辅点弦切角的方向与钢尺量出辅点间弦长的相交,从而定出各辅点点位。该法致命的缺点是________________________________。

(5)偏角法测设圆曲线的特点是________________________。

(6)圆曲线整桩点里程计算是根据计算出的曲线要素,由一已知点里程沿________方向,由 ZY→QZ→YZ 推算。一般已知________点里程,它是由前一直线段推算而得,然后再由其里程,根据____________,推算其他整桩点里程。

表 46　圆曲线测设计算表

元素名称	计算值	元素名称	计算值
JD 桩号		$T=R\tan\frac{\alpha}{2}$	
转折角 α		$L=R\alpha\frac{\pi}{180^\circ}$	
曲线半径 R/m		$E=R\left(\sec\frac{\alpha}{2}-1\right)$	
ZY 点曲线起点桩号		$q=2T-L$	
QZ 点曲线中点桩号			
YZ 点曲线终点桩号			

表 47　圆曲线测设数据记录表

日期:________　天气:________　班级:________　组别:________

观测:________　记录:________　仪器编号:________

点名	里程桩号	弧长/m	坐标法		偏角法		备注
			X/m	Y/m	弦长/m	偏角/(°　′　″)	

实训24　GNSS接收机的认识与使用

1.目的与要求

①认识GNSS接收机各部件及其名称、功能、作用、接收方式。

②认识GNSS接收机的有关性能。

③在一测站上正确操作GNSS接收机。

④正确进行测站记录。

2.计划与设备

①计划课时为2学时,每组5~6人。其中,架设接收机1人,硬件连接及检查1人,GNSS接收机外业观测1人,记录1人,计时1人。

②GNSS接收机1台、基座1个(含轴心)、三脚架1个。

3.方法与步骤

本实训以苏州一光A30系列GNSS接收机为例。

1)接收机各部位的认识

①主机正面如图41所示。

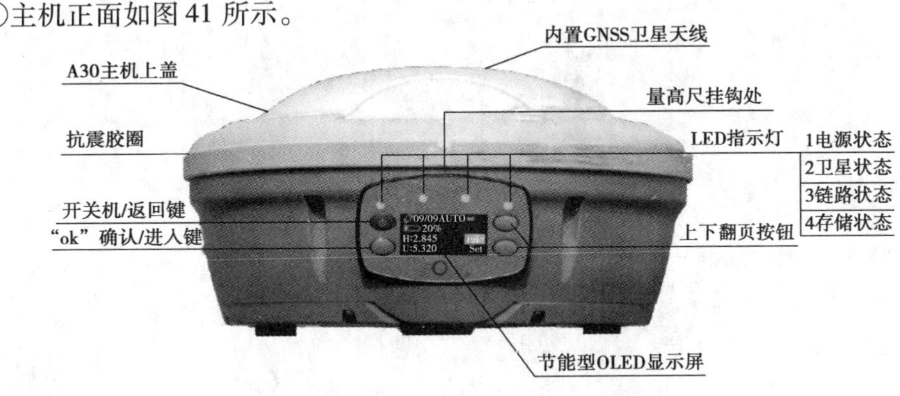

图41　主机正面

②主机底面如图 42 所示。

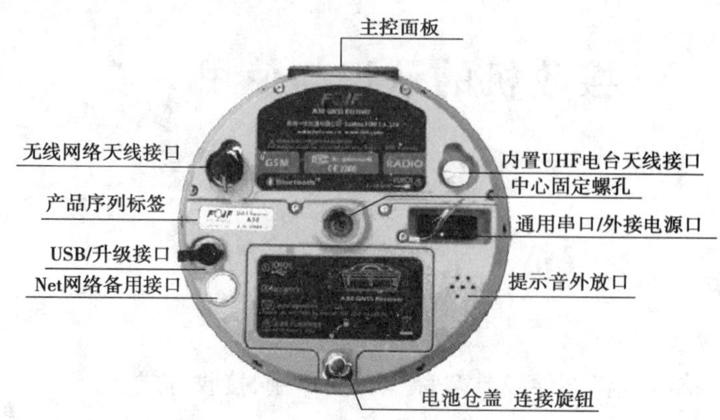

图 42 主机底面

③操作/显示界面如图 43 所示。

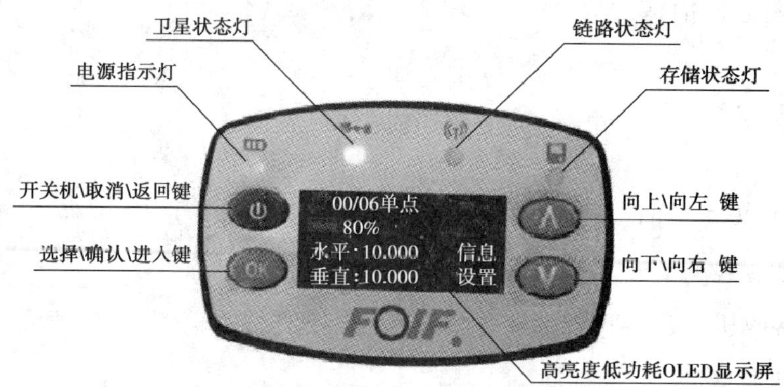

图 43 操作/显示界面图示

④架设好的基准站和流动站如图 44 所示。

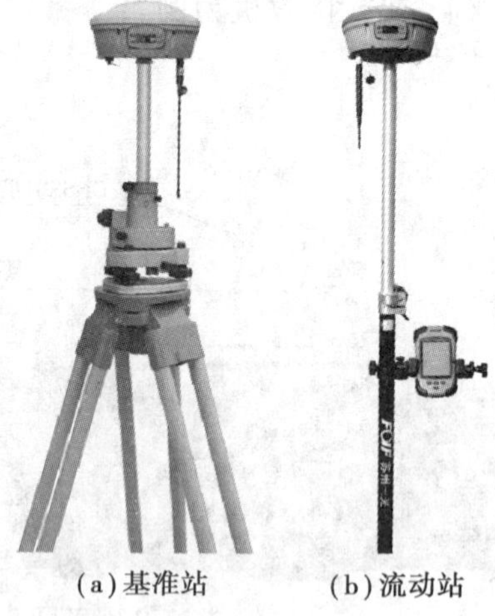

(a)基准站　　(b)流动站

图 44 架设好的基准站和流动站

2) RTK 架站

①架设基准站按以下步骤进行:

a. 将基准站主机底部电池仓盖两端卡扣掀起,旋转 90°,取下电池舱盖。

b. 安装好电池、手机卡。

c. 将仓盖盖回,并反向旋转卡扣 90°,锁紧仓盖。

d. 如果使用电台,且作业距离不超过 3 km,可将高增益天线安装片通过连接头紧固在主机底部的相位中心固定螺孔上,然后将主机安放在整平过的下对点基座上。

②外挂数传电台连接操作如图 45 所示。

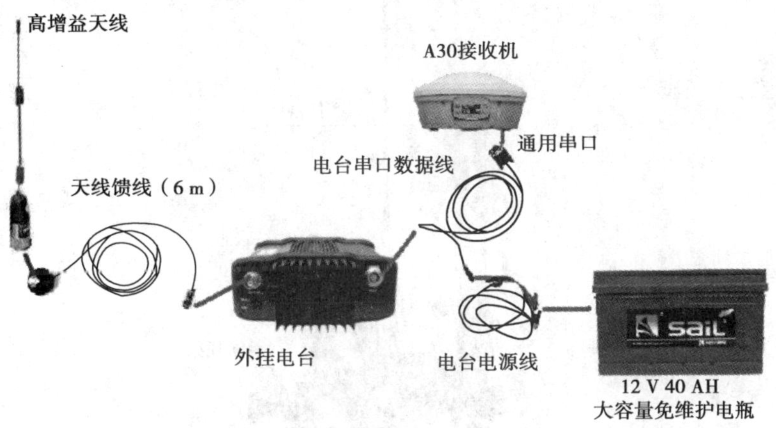

图 45　外挂数传电台连接操作

③外挂功放连接操作如图 46 所示。

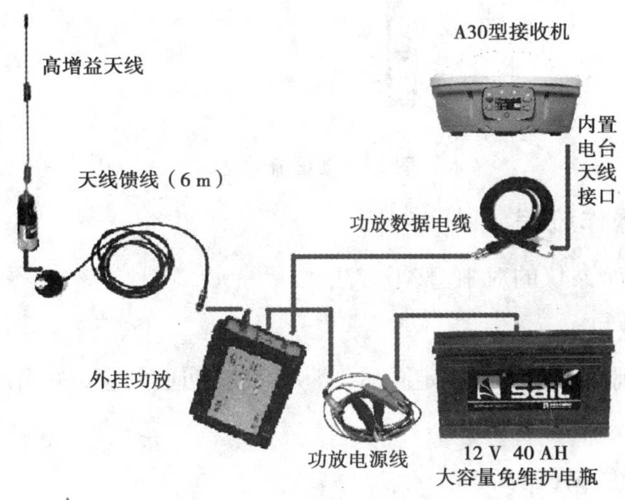

图 46　外挂功放连接操作

④架设流动站如图 47 所示。

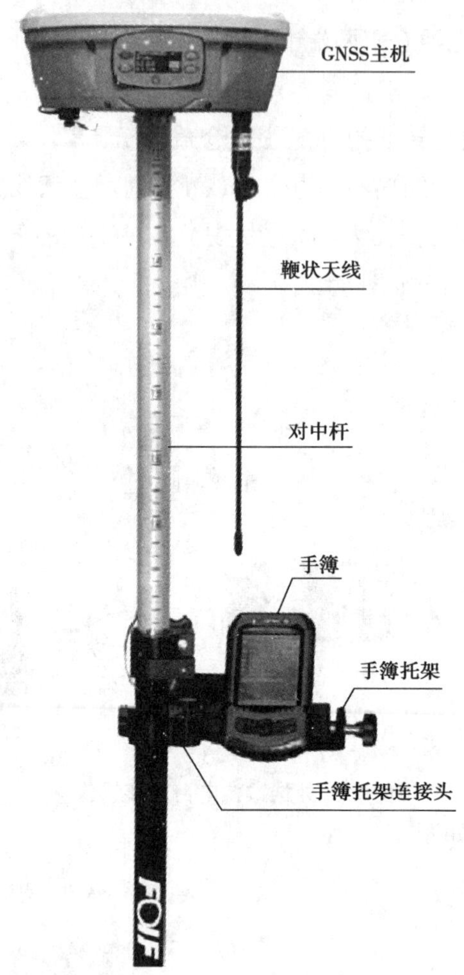

图 47　架设流动站

3)静态外业操作流程

对中整平,参考全站仪的对中、整平方法。

(1)安放 A30 主机

将连接头连接到主机底部的固定孔后,将 A30 主机通过连接头固定在下对点基座上。注意,不要使脚架晃动或者移动。

(2)测量主机天线高(斜高)

①将主机安放好后,将专用量高尺钩挂在主机显示屏幕上方的凸起上。

②将量高尺拉长,并使尺上的尖凸对准地面的待测点(注意要使尺面绷紧),然后按紧尺上的扣子,将尺面固定且无法弹回。

③取下尺并读取尺面显示的高度。

(3)打开主机

①确保A30/A10处于关机状态。

②按下电源键,立即松开即可。

③显示屏显示开机画面。

④开机伴随音响起。

(4)设置静态记录

①主机开机并等待1 min后,当主机面板上的4个指示灯中的GPS灯快速闪烁4次以上,或屏幕显示单点定位后,此时可以开始设置主机静态记录。

②通过"上下"键选择设置,按下"OK"键;显示设站模式选择画面,按"OK"选择"GPS";通过"上下"键选择需要使用的"静态"模式;按下"OK"进入设置界面后,通过"上下""OK"按键将天线高和点名修改设置好,然后选择"确定",即可开始静态采集。此时,"存储REC"灯开始闪烁,说明静态数据已经开始保存到内存上。

③记录外业测量数据,包括主机仪器编号、静态测量时间、地点、天线高。

4)内业数据下载、格式转换

(1)准备工作

主机若出现内存装满,可以将所需数据复制到SD卡后,将主机内存格式化清空。操作如下:

①格式化:设置→内存→内部Flash→设置→是。

②复制到SD卡:设置→内存→SD卡→复制→是。

(2)数据下载

从主机内取出SD卡,通过读卡器复制到电脑中即可。若数据仅保存在Flash上,可先复制到SD卡,然后再复制到电脑。

(3)数据格式转换

①导入文件,在弹出的选框内,选择所需转换的数据文件。

②导入数据后看到图48所示界面。

③双击转换后的文件名,在弹出的选框中修改测站名、天线高、天线类型、测量方式,然后点击确定,如图49所示。

④将转换后的文件修改完成后,再点击开始转换,等待进度条结束,跳出转换完成的提示后,即完成数据转换。

⑤数据后处理。

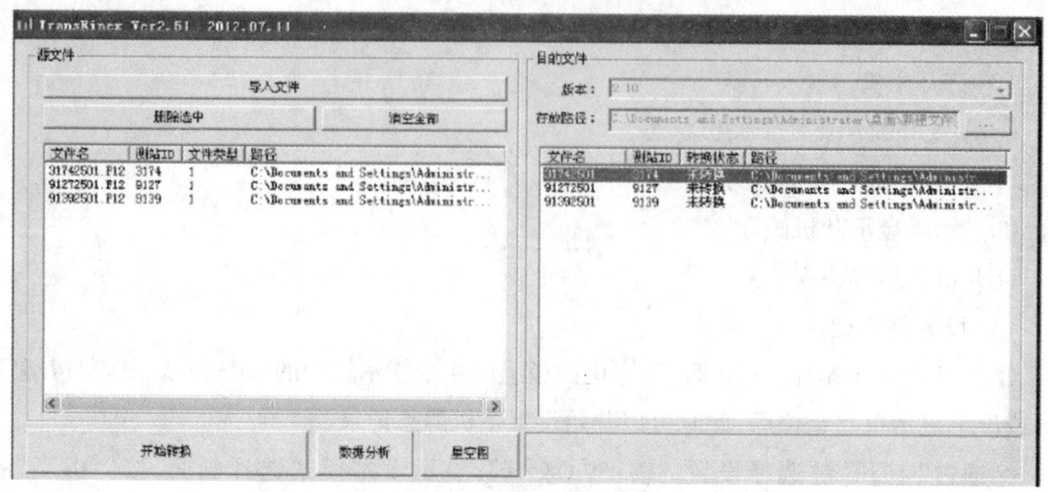

图 48 导入数据后看到界面

属性

测站名： 3174

时段： 0.0.0 0: 0: 0~0.0.0 0: 0: 0

观测间隔： 1 秒 观测历元数： 0/1

天线高： 1.5941 米 垂高

天线类型： A20中部

概略坐标

B: N 42 15 34.4503

L: E 118 54 3.5767

H: 579.1302

确定 取消

图 49 双击转换后的文件名弹出的选框

5）指示灯描述

（1）电源指示灯

功能：显示电源电量是否充足。电量剩余≥50%，绿色长亮；电量剩余 40% ~50%，4 s 闪 1 次；电量剩余 20% ~40%，2 s 闪 1 次；电量剩余<20%，1 s 闪 1 次。

（2）卫星指示灯

功能：显示卫星锁定数量。红色均匀闪烁，未锁定卫星，正在搜索；绿色闪烁间隔红色闪烁，绿色闪烁的次数为锁定卫星的数量。

（3）链路（LINK）指示灯

功能：设置启动基准站或者启动流动站后，显示差分数据连路收发状况。关闭不亮：无数据发出或无数据收到；蓝色均匀闪烁：发射或接收到差分数据；断断续续闪烁：差分链路不稳定或者信号效果不良。

(4)存储指示灯

功能:显示静态存储的工作状态。关闭不亮,没有开始静态数据存储。匀速闪烁,开始静态数据记录,间隔时间为采样间隔。

6)屏幕显示描述

(1)主界面

开机后,主机界面自动跳转进入主界面,如图 50 所示。

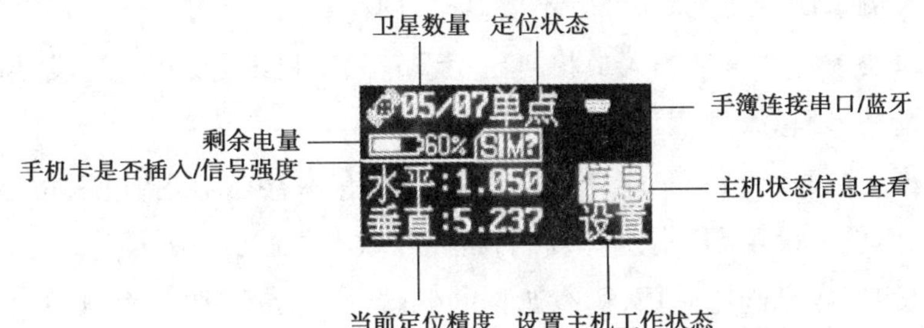

图 50　开机后,土机界面自动跳转进入的界面

(2)信息查看界面

选择进入信息选项,跳出如图 51 所示界面,通过上下键翻动。

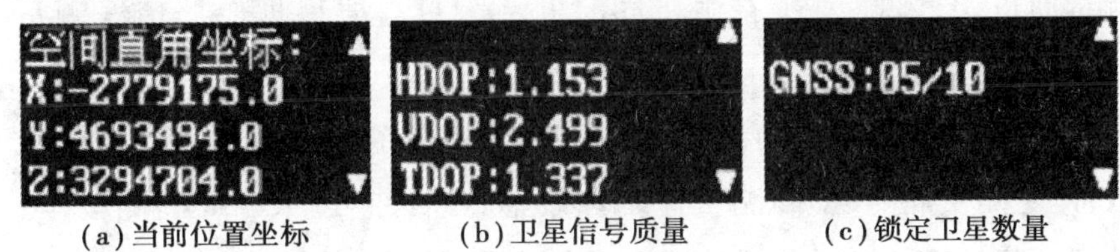

(a)当前位置坐标　(b)卫星信号质量　(c)锁定卫星数量

图 51　选择进入信息选项跳出的界面

(3)主机设置界面

退回主界面后,选择进入设置选项,可以看到如图 52 所示界面。

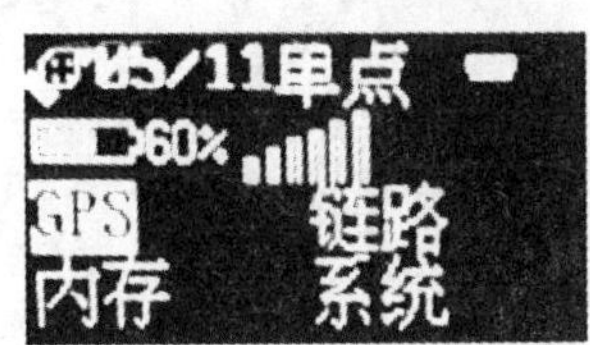

图 52　退回主界面后,

选择进入设置选项

4. 静态测量注意事项

①静态作业前，需要先将所有 SD 卡通过读卡机接到电脑上，格式化为 FAT32 系统格式。目前 A30 支持 4G 以下容量的 SD 卡。

②每次测量前，最好预先将所有主机通过面板设置，将内存格式化清空。

③检查所有主机升级到最新版本，至少要在 5.20 以上版本。

④开始静态测量后，数据保存位置不要修改，内存和 SD 卡都保存，以防丢失数据。

⑤外业记录要求每个看站的人员将自己所看管的主机编号、所测时段、所测站点、仪器高都记录详细清楚，切忌潦草。

⑥内业数据下载时，如果 SD 卡未格式化导致没有保存在卡内，可以将格式化后的 SD 卡插入主机，在面板上设置 SD 卡选择复制，将内存数据复制到 SD 卡上。

⑦静态架设时，尽量避免遮挡，稍有遮挡的低端，应尽量增加每个测段时长，一般 45 ~ 90 min 即可。

⑧在较短的测段内测量较多点时（一般不超过 15 km），可以将两台主机架设在测段靠近两端的控制点上（选取遮挡少的点），一直开机记录，作为参考基线。其他主机在其他待测点分站测量即可，且不需要所有主机同时开、关，只需要根据遮挡情况测量一定时长即可。

这样，通过两个长时间观测的控制点进行平差，避免了递推产生的误差累积，减少了搬站主机次数，避免测量混乱，提高测量速度和效率。如果超过 15 km 的测段，可以分为 10 km 左右一段分别测量后，将所有长时间观测点递推、联测一遍即可。

5. 实训记录与计算

每人填写 GNSS 实训记录表（表 48）。

6. 习题

（1）如何判断 GNSS 接收机是处于静态观测模式还是动态观测模式？

（2）简述 GNSS 接收机控制面板上按键及指示灯的作用。

表 48　GNSS 实训记录表

日期:________ 天气:________ 班级:________ 组别:________

观测:________ 记录:________ 仪器编号:________

点　号		点　名		图幅编号	
观测员		日期段号		观测日期	
接收机号 称及编号		天线类型 及其编号		存储介质编号 数据文件名	
近似纬度	°　′　″　N	近似经度	°　′　″　E	近似高程	m
采样间隔	s	开始记录时间	h　min	结束记录时间	h　min

天线高测定	天线高测定方法及略图	点位略图
测　前:　　测后: 测试值:　　m 修正值:　　m 天线高:　　m 平均值:　　m		

时间(UTC)	跟踪卫星号(PRN)及信噪比	纬度/(°　′　″)	经度/(°　′　″)	大地高/m	天气状况
记事					

第3部分 测量综合实训

测量综合实训是测量学课程教学及实验的重要组成部分，是巩固和深化所学工程测量及相关知识的必要环节。通过测量综合实训培养学生理论联系实际、分析问题和解决问题的能力以及实际动手操作能力，使学生具有严格认真的科学态度、实事求是的工作作风、吃苦耐劳的劳动态度以及团结协作的集体观念。同时，学生在业务组织能力和实际工作能力方面得到锻炼。本次实训包含两项实习内容，即小区域大比例尺地形测绘和道路工程测绘，可选做其中一项。

综　述

1. 综合实训概述

工程测量综合实训的目的是巩固、扩大和加深课堂上所学的理论知识，进一步熟练测量仪器的操作技能，提高计算和绘图能力，并对测绘小区域大比例尺地形图及道路工程测绘的全过程有一个全面、系统的认识。同时，获得测量工作的初步经验和基本技能，着重培养学生的团结协作能力、团队意识以及个人的独立工作能力。

工程测量实训时间为两周，6～7人一组，每组一名组长，在校内指定场地进行实训，各小组根据天气及工作强度来灵活安排一天的工作时间。

2. 综合实训目的

①掌握主要仪器（RTS632B或NTS352系列全站仪及DS_3型水准仪）的性能和使用，巩固所学的工程测量知识，提高实际操作与应用能力。

②掌握地形图测绘的方法，初步具有测绘小区域大比例尺地形图及道路工程测绘的工作能力。

③掌握施工放样的基本方法。

④掌握四等水准测量的实施方法。

⑤通过实测数据的计算，掌握测绘数据的处理方法。

⑥掌握道路施工放样的方法及计算。

⑦通过实测数据的计算，掌握道路工程测量数据的处理方法，道路纵、横断面图的测量及绘制方法。

3. 综合实训仪器

全站仪1套、水准仪1套、图板及脚架1套、棱镜及支架1对、水准尺1对、尺垫2只、标杆2根、2 m钢卷尺1把、比例尺1把、《地形图式》1本、量角器1个、自备计算器1个、2B铅笔1支。

4.注意事项

①树立“安全第一”的思想,注意人身、交通安全,注意天气变化。

②仪器要有专人看管,使用仪器时应打伞,防止淋雨、阳光直射、摔坏,确保仪器安全。

③同学之间要相互照顾,发现问题请及时与指导教师联系。

④团结合作,服从指导老师的场地安排,听从组长的指挥,成员之间应协调一致;实习期间不得嬉笑打闹,不得擅自行动。

⑤爱护花木,不乱扔垃圾,保护环境。

⑥实训数据要随测随记。

⑦每位同学要积极参加实训,遵守时间,勤于思考,认真聆听,仔细观察,保质、保量、按时完成实习任务。

综合实训1　小区域大比例尺地形测绘

1. 基本任务及时间安排

①导线控制测量。

②地形图测绘。

③测设(放样)一幢民用建筑。

④完成一条指定四等水准路线测量。

⑤时间安排如表49所示。

表49　大比例尺地形图测量时间安排

<table>
<tr><th>序　号</th><th>实训内容</th><th>所用仪器</th><th>时间/天</th><th>备　注</th></tr>
<tr><td>1</td><td>选导线点</td><td>标杆、油漆、毛笔</td><td>0.5</td><td>—</td></tr>
<tr><td>2</td><td>测导线长及内角</td><td>全站仪及脚架、棱镜及脚架、标杆</td><td rowspan="2">2.5</td><td rowspan="2">观测完成后内业计算</td></tr>
<tr><td>3</td><td>测导线点高程</td><td>水准仪及脚架、水准尺</td></tr>
<tr><td>4</td><td>碎部点测量</td><td>全站仪及脚架、图板及脚架、水准仪及脚架、标杆、2 m钢尺、绘图纸</td><td>4</td><td>绘图要随测、随记、随画,及时整理内业</td></tr>
<tr><td>5</td><td>补测部分碎部特征点高程</td><td>水准仪及脚架</td><td>0.5</td><td>—</td></tr>
<tr><td>6</td><td>平面与高程测设计算及放样</td><td>全站仪及脚架、棱镜及脚架、水准仪及脚架</td><td>0.5</td><td>—</td></tr>
<tr><td>7</td><td>四等水准测量</td><td>—</td><td>1</td><td>独立线路、时间机动、不占用实训控制时间</td></tr>
<tr><td>8</td><td>整饰、内业整理、交流心得体会</td><td>—</td><td>1.5</td><td>内业可利用工作之余及可调整时间</td></tr>
</table>

续表

序　号	实训内容	所用仪器	时间/天	备　注
9	提交实训成果	—	0.5	借还仪器，提交成果： 个人提交：测量实训报告1份； 小组提交：测量实训数据记录表1份、图纸1张

2. 方法步骤

1) 地形图测绘

完成一幅1∶500比例尺，图幅为40 cm×50 cm，测图面积为200 m×250 m地形图的测绘。要求测图区域尽量布置在图幅中心，测图区域由指导老师指定。工作内容包含控制测量、展绘控制点、地形图测绘、整饰。

(1)平面控制

①选点

首先，找到校内一级控制网点，从已知一级控制网点布设二级控制导线点至所在测区，将一级控制点的坐标和高程传递至测区，再在测区内布置一条闭合图根导线，导线长度约500 m，导线点要注意避开校内固定建筑。按图根控制测量要求形成测区闭合图根导线。

若一级控制点在测区内，应引出一点作为闭合图根导线的起(终)点，在测区内布设一闭合导线；测区内无校内一级控制网点，则采用角度交会或极坐标测量方法，以校内一级控制网点为基点，向测区引2～4个点作为二级控制点，将坐标传递至测区。可用二级控制点的终点作为测区图根闭合导线的起终点，在测区内布设一闭合导线。

对于二级控制导线及图根导线，要求相邻两点间通视，导线点之间的距离在100 m以内，导线点的位置应选在土质坚硬的地方，便于标志和安置仪器、测角、量距，还应注意所选的点不要在路中间，最好选在路边的阴凉处。点位在泥地上应打下木桩，在混凝土地路面上，可用红漆画出标志。

选点的一般方法为踏勘、选点、编号。选好的点位用油漆画做标志⊕，编号标注在点位标志周边。二级控制导线是从已知一级控制点将坐标和高程传递至测区。二级控制导线点编号方法：控-组号-编号，如控-32-1，表示该点属于第32组的第1号控制点。图根导线在测区内视情况选择8～14个导线点(各组根据实际情况可以增减)，组成一条闭合导线。该图根导线点采用以二级控制导线点的终点为闭合导线起终点按顺时针方向进行编号。编号方法为:组号-点号,如4-6,表示该点属于第4组的第6号闭合点。

②量边长、坐标

导线点水平距离、坐标用全站仪测定。以一级控制网点为基准,二级控制导线将一级控制网的坐标及高程传递至图根导线,故二级控制导线的边长、坐标往返测,相对误差小于1/5 000。测区图根导线边长、坐标采用全站仪测量,单向测量。距离、坐标测量时,将全站仪设置为取3次平均值进行观测。闭合导线较差相对误差应小于1/3 000。二级控制导线和图根导线独立调整闭合差。

坐标闭合差:$f_x = \sum \Delta x, f_y = \sum \Delta y, f = \sqrt{f_x^2 + f_y^2}$

全长相对闭合差 $\dfrac{f}{\sum S} < \dfrac{1}{3\,000}$。

③角度测量

观测闭合导线的内角,角度闭合差应符合要求。

角度闭合差:$f_\beta = \sum \beta_{内} \quad (n \quad 2) \times 180° < 60'' \sqrt{n}$($n$ 为角度的个数)

④坐标增量、角度计算与调整

当图根导线容许的相对闭合差符合要求时,可进行坐标增量闭合差的调整。调整方法是:反符号按边长成正比例分配,调整值精确至毫米。

当图根导线内角符合角度闭合差要求后,可反符号平均分配调整,调整值精确至秒。

⑤导线点坐标计算

(2)高程控制

①水准测量

测区基准水准点高程测量:从校网-1点引高程到测区基准水准点,可采用往返测的方法,测出测区基准水准点高程,基准水准点可与导线点重合。

图根导线控制点高程测量:从测区基准水准点出发,采用闭合路线的方法测出测区布设的各图根导线控制点的高程。

要求水准路线闭合差 $f_{h容} \leqslant \pm 40\sqrt{L}$ mm(L 为路线长,以km为单位)或 $f_{h容} \leqslant \pm 12\sqrt{n}$ mm(n 为转点数)。其中,$H_{校网-1} = 20.000$ m。

②高程计算

高差闭合差符合要求后可进行闭合导线控制点高差调整,调整方法是:反符号按线路长度或测站数成正比例分配。高差闭合差调整后可求出各控制点的高程。

(3)展绘控制点

采用40 cm×50 cm的方格网线硫酸纸,方格网线段的实测长度与理论值相差不超过0.2 mm,方格网对角线长度误差不超过0.3 mm。

先根据各导线点的坐标值,确定出各方格网线的坐标(必须是50m的整倍数)。确定各方格网的坐标时,尽量考虑使控制点分布于图幅的中部。控制点需平差后,再根据各网线格的坐标在硫酸纸上展绘出各控制点(图根导线点)。

按《地形图图式》中4.1.3条规定:在标注控制点的符号的右侧加以注记,字头朝北,注记的方式为$\frac{点名}{高程}$,如$\frac{4\text{-}6}{20.215}$。

展绘好控制点,用比例尺在图纸上量取各相邻控制点之间的距离,和实测的边长比较,最大误差在图纸上不得超过0.3 mm,否则应重新绘制。

(4)地形图测绘

采用全站仪配合量角器测绘法测绘地形图。

碎部点的视距长度≤75 m。在碎部测图过程中,瞄准某一基准线,将全站仪水平度盘置于0°00′00″,进行测绘。每完成一测站后,应重新瞄准零方向,检查全站仪定向有无错误。

测图中,立镜点的多少应根据测区内地物、地貌的情况而定。棱镜点应选在地物轮廓的起点、终点、弯曲点、交叉点、转折点及地貌的倾斜变换和方向变换之处,一般图上每隔1~2 cm有一碎部点。原则上,以最少数量(必需量)的确实起着控制地形作用的特征点,确准而精细地描绘地物、地貌。各点尽量布置均匀,要随测、随记、随绘,转移测站前,至少要将该测站所测碎部特征图绘出来。

地形图上所有线划、符号和注记,均应在现场完成,严格遵循"看不清、不描绘"的原则。

测图时,若有视线死角,可采用如角度前方交会确定出碎部点的位置,支导线法,或先测定一位点,然后测量某些要素后根据几何关系按比例绘制出图形等方法。支导线点须编号用油漆在地面画标志⊕,编号方法:支-组号-编号,如支-15-2,表示15组2号支导线点。

只需在图上间隔一定距离的特征点注上高程。高程注记,字头朝北,保留两位小数。对大面积的花坛、草地、林地以及起伏有变化的地方,用水准仪加测一些高程点,使高程注记点有一定的密度分布。房屋等较高的建筑物只需标出基础地面的高程。

测绘出控制点周边的地形特征点。根据地形特征点的关联关系,用相应线画连接或表示出地形符号。注意字体大小和线条粗细,具体表示方法参照《国家基本比例尺地图图式 第一部分 1:500 1:1000 1:2000 地形图图式》(GB/T 20257.1—2007)。

测绘一幅1:500比例尺的40 cm×50 cm的地形图。若地形图不能反映出地形、地貌时,应进行补测。

全站仪量角器测绘地形图的方法、步骤如下:

①选一控制点安置全站仪，对中(光学对中)、整平。

②瞄准相邻控制点处棱镜，配置水平度盘为0°00′00″。

③在碎部点上安置棱镜，全站仪瞄准棱镜，测出水平角β和水平距离HD，每隔15点测出一碎部点坐标进行校核。

④采用普通水准测量测出碎部特征点高程。

⑤在图上以观测的边为基准，定出碎部点方向，用量角器量出水平角β，用1∶500比例尺在该方向上定出碎部点，在碎部点右侧注上高程(保留两位小数)。

(5)整饰

图示符号应按《地形图图式》的要求来表示，测图时不规范的符号需要进行修整。绘图员进行实际查看，检查有无图示标注不符、测图遗漏，进行修改补测。在图廓外注上绘图要素：图名(正上方)、比例尺(正下方)，测图时间等(左下角)，组号及组员名单写在地图的右下侧，注意字体大小。

2)测设

距离、高程计算精确至mm，角度计算精确至秒；距离放样误差为1/5 000，角度放样误差为60″。

(1)平面位置测设

在测绘完成的地形图上，寻找一块开阔地，按10 m×30 m建筑物的平面位置设计在图上(要求各边与坐标轴平行)，如图53所示。量出一个交点坐标，计算出其他点的坐标，找一条与该交点通视的导线，计算出该控制点上用极坐标测设该建筑物的数据。将直角坐标换算成极坐标测设数据，即求出导线与建筑物各交点之间的夹角θ及边长，然后用极坐标法进行测设。

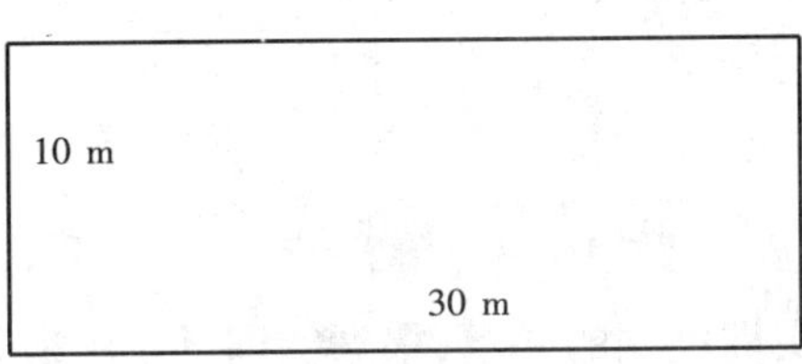

图53　测设平面图

(2)高程测设

设该建筑物的室内地坪高程为21.000 m，测出该建筑物轴线的地面高程，计算出各轴线点的填挖高度。

要求进行实地放样，用铁钉或红油漆作好标记，放样完成后指导老师实地察看，确认该项工作是否完成。

3)四等水准测量

路线：围绕指定校内道路完成一条闭合路线的四等水准测量，高程$H_{校网\text{-}1}=20.000$ m。

要求:视线长度≤100 m,前后视距差≤3.0 m,前后视距累积差≤10.0 m,红黑面读数差≤3 mm,红黑面高差之差≤5 mm,$f_{h容} \leq \pm 20\sqrt{L}$ mm 或 $f_{h容} = \pm 6\sqrt{n}$ mm。其中,L 为路线长度,单位为 km,n 为测站数。

注意:水准测量起终点上不放尺垫,中间转点上可放尺垫。

3. 检查与整理测量成果

检查与整理实习成果,完善资料。测量实训成果数据表、地形图和实训报告作为评定综合实训成绩的重要依据之一。学生必须根据实训大纲的要求逐日认真记录实训中的观测数据和心得体会。要求按小组及个人提交实训成果。

(1)小组

各小组完成《实训数据记录表》1 册,地形图 1 张。小组的测量记录、计算写在《实训数据记录表》中,表格用 A4 纸打印,数据手工填写,装订成册;手绘地形图。记录和上交的表格内容包括:

①封面。

②控制网略图。

③控制点成果表。

④水准测量记录表、水准测量成果计算表。

⑤全站仪测量记录表。

⑥二级控制导线、闭合导线控制点坐标计算表。

⑦碎部点测量记录表。

⑧四等水准测量记录表。

⑨点位测设记录表。

(2)个人

实训结束时,学生应按实训大纲的要求,根据实训日记中所积累的资料,进行全面的分析和总结,及时填写实训报告。实训报告反映学生对实训内容理解的深度,也反映学生分析和归纳问题的能力。报告内容要求如下:

①以某一独立的工作内容为对象,全面地、系统地归纳总结,写出通过该项活动的体会和收获。

②对整个实训内容进行总结归纳,谈谈本次实训对思想上和业务上的帮助。

③对实训提出建议及需要改进的地方。

④实训报告内容力求字迹工整清晰。书写《测量综合实训总结》,表格打印,内容手写,独立装订 1 份。总字数应不少于 1 500 字。

综合实训2　道路工程测绘

1.基本任务及计划

①导线控制测量。

②内角和圆曲线主点的计算、中桩放样。纵、横断面图测绘。

③完成一条四等水准路线测量。

④时间安排如表50所示。

表50　道路工程测量时间安排

序　号	实验内容	所用仪器	时间/天	备　注
1	选导线点	标杆、油漆、毛笔	0.5	—
2	平面控制、导线测量、内业计算	全站仪及脚架、棱镜及脚架、标杆、计算器	2	—
3	测导线点高程	水准仪及脚架、水准尺		
4	中桩放样	全站仪及脚架、棱镜及脚架	1.5	
5	纵、横断面图测绘	水准仪及脚架、水准尺	4	完成一个断面,绘制一个断面
6	四等水准测量	水准仪及脚架、水准尺	1	独立线路、时间机动、不占用实训控制时间
7	内业整理、心得体会	—	1.5	内业可利用工作之余及调整时间
8	领还仪器、提交实训成果	—	0.5	借还测量仪器,提交成果; 个人提交:《测量实训报告》1份; 小组提交:测量实训数据记录表1份,图纸1张

2. 方法步骤

1) 导线控制测量

(1) 平面控制

①选点

首先找到校内一级控制网点,从已知一级控制网点布设 1 ~ 4 个二级控制导线点至所在测区,将一级控制点的坐标和高程传递至测区,再在测区内布置一条图根支导线,支导线长度约500 m,导线点注意要避开校内固定建筑。二级控制导线的终点可作为测区图根导线的起点,按图根控制测量要求形成测区线路控制导线。

对于二级控制导线及图根导线,要求相邻两点间通视,导线点之间的距离在 100 m 以内。导线点的位置应选在土质坚硬处,便于标志和安置仪器,便于测角和量距,还应注意所选的点不要在路中间,最好选在路边的阴凉处。点位在泥地上应打下木桩,在混凝土路面上,可用红漆画出标志。

选点的一般方法为踏勘、选点、编号。选好的点位用油漆画做标志⊕,编号标注在点位标志周边。二级控制导线是从已知一级控制点将坐标和高程传递至测区,二级控制导线点编号方法:控-组号-编号,如控-6-1,表示该点属于第 6 组的第 1 号控制点。图根导线在测区内视情况选择 8 ~ 14 个导线点(各组根据实际情况可以增减),组成一支导线。该图根导线点采用按线路方向由西向东增加进行编号,编号方法:组号-点号,如 4-6,表示该点属于第 4 组的第 6 号点。

②量边长、坐标

导线点水平距离、坐标用全站仪测定。以一级控制网点为基准,二级控制导线点将一级控制网的坐标及高程传递至图根导线,故二级控制导线的边长、坐标往返测,相对误差小于 1/5 000 时,调整终点的坐标即可。测区图根导线边长、坐标使用全站仪往返测量。距离、坐标测量时,将全站仪设置为取 3 次平均值进行观测。闭合导线较差相对误差应小于 1/3 000。

③坐标增量计算与调整

当图根导线容许的相对闭合差符合要求时,可进行坐标增量闭合差的调整。调整方法是:反符号按边长成正比例分配。二级控制导线和图根导线独立调整闭合差。

坐标闭合差:

$$f_x = \sum \Delta x, f_y = \sum \Delta y, f = \sqrt{f_x^2 + f_y^2}$$

图根导线相对闭合差:

$$\frac{f}{\sum S} \leqslant \frac{1}{3\ 000}$$

④测角

图根导线转角测量中,以起始边和终了边的导线点为基准,用坐标反算出起始边和终了边的方位角,其余导线转折角用全站仪测回法观测。观测导线的左角及右角,其圆周角闭合差不大于40″。导线上其他转角测出满足角度闭合差后进行调整,用导线的左角作为线路的转向角。

各导线的左角之和为: $\sum \beta_{左测} = \alpha_{始} - \alpha_{终} + n \cdot 180°$, $f_\beta = \sum \beta_{测} - \sum \beta_{理}$,角度容许闭合差为 $f_{\beta容} \leqslant \pm 60'' \sqrt{n}$($n$ 为角的个数)。当 $f_\beta < f_{\beta容}$ 时,可按角度反符号平均分配调整,调整值精确至秒。

(2)高程控制

①水准测量

测区基准水准点高程测量:从校网-1 点引高程到测区基准水准点,可采用支水准路线往返测的方法,测出测区基准水准点高程,基准水准点可与导线点重合。

图根导线控制点高程测量:从测区基准水准点出发,采用往返测的方法测出测区布设的各图根导线控制点的高程。

要求水准路线闭合差 $f_{h容} \leqslant \pm 40\sqrt{L}$ mm(L 为路线长,以 km 为单位)或 $f_{h容} \leqslant \pm 12\sqrt{n}$ mm(n 为转点数)。其中 $H_{校网\text{-}1} = 20.000$ m。

②高程计算

高差闭合差符合要求后可进行调整。调整方法是:反符号按线路长度或测站数成正比例分配。高差闭合差调整后可求出各控制点的高程。

2)道路施工放样测量

(1)收集资料,计算测设数据

根据已知设计要素、交点坐标,计算各主点和整中桩号平面坐标。

(2)中线测量

根据测区实地地形,确定中桩测设所采用的方法,计算所需要的测设数据,包括整桩、加桩及曲线特征点数据。圆曲线测设时要求采用偏角法,用直角坐标法进行校核。当地形比较复杂时,也可采用交会法、支导线或其他方法。

①路线各交点(JD)的测设:测区内布设的图根导线点即为线路的交点。

②中桩的测设:设置里程桩的工作主要是定线、量距和打桩。里程桩包括整桩和加桩,设线路起点的里程为 K1 +000。本次实训中,路线直线每隔 20 m 设置一个整桩,圆曲线每隔 10 m 设置一个整桩,地形复杂地段可设置加桩。

③圆曲线主点测设：曲线主点包括直圆点 ZY、曲中点 QZ、圆直点 YZ，如图 54 所示。

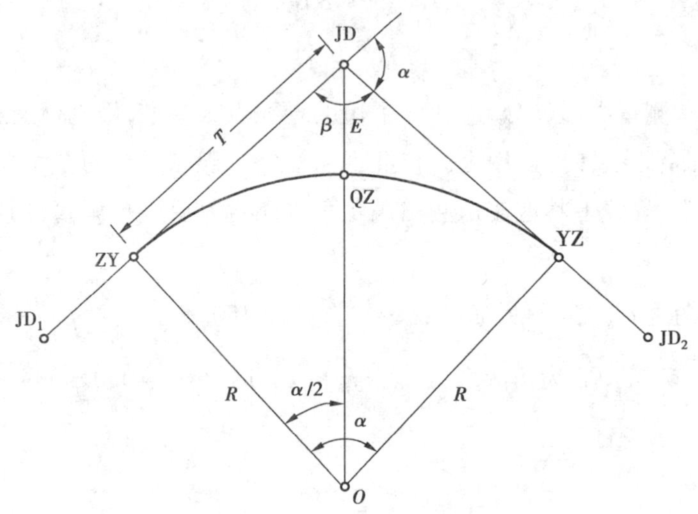

图 54　圆曲线主点测设

$$\text{切线长 } T = R\tan\frac{\alpha}{2}$$

$$\text{圆曲线长 } L = \frac{\pi}{180^\circ}\alpha R$$

$$\text{外矢距 } E = R\left(\sec\frac{\alpha}{2} - 1\right)$$

$$\text{切曲差 } q = 2T - L$$

根据导线的设置情况，圆曲线半径 $R=5$ m、10 m、15 m、20 m、25 m、30 m、35 m、40 m、45 m、50 m、55 m、60 m。半径可根据现场情况自行选择，但每种半径尺寸只能选用一次。切线长自行确定，线路转角可通过观测确定。

④计算圆曲线主点坐标。

ZY 点坐标：$X_{ZY} = X_{JD} - T \cdot \cos\alpha_{JD1-JD}$

$Y_{ZY} = Y_{JD} - T \cdot \sin\alpha_{JD1-JD}$

YZ 点坐标：$X_{YZ} = X_{JD} + T \cdot \cos\alpha_{JD-JD2}$

$Y_{YZ} = Y_{JD} + T \cdot \sin\alpha_{JD-JD2}$

QZ 点坐标：$X_{QZ} = X_{JD} + E \cdot \cos\alpha_{JD-QZ}$

$Y_{QZ} = Y_{JD} + E \cdot \sin\alpha_{JD-QZ}$

⑤偏角法圆曲线细部点的计算。

在圆曲线上测设里程桩号为整 10 m 的各细部点。设圆曲线起点 ZY 点至第一个细部点 $P1$ 的弧长为 l_1，偏角为 δ_1；在余下的细部点测设时，通常各桩间的弧长相等，为 10.00 m，设两桩之间的弧长为 l_0，偏角的增量为 $\Delta\delta_0$，最后一段弧长为 l_n，其偏角增量为 $\Delta\delta_0$，则各桩的偏角可按以下公式计算：

$$\delta_1 = \frac{l_1}{2R}\rho = \frac{l_1}{2R} \times \frac{180°}{\pi}$$

$$\Delta\delta_0 = \frac{l_0}{2R}\rho = \frac{l_0}{2R} \times \frac{180°}{\pi}$$

$$\delta_2 = \delta_1 + \Delta\delta_0$$

$$\delta_3 = \delta_1 + 2\Delta\delta_0$$

$$\vdots$$

$$\Delta\delta_n = \frac{l_n}{2R}\rho = \frac{l_n}{2R} \times \frac{180°}{\pi}$$

$$\delta_n = \delta_{n-1} + \Delta\delta_n$$

式中 $\rho = 206\ 265''$，δ_n 即为曲线终点 YZ 点的偏角，其值可用$\frac{\alpha}{2}$来校核，即：

$$\delta_n = \delta_{YZ} = \frac{\alpha}{2}$$

各点之间的弧长为：

$$c_1 = 2R \sin \delta_1$$

$$c_0 = 2R \sin \Delta\delta_0$$

$$c_n = 2R \sin \Delta\delta_n$$

⑥计算里程桩号为 10 m 整桩点坐标。

坐标方位角：$\alpha_{ZY-i} = \alpha_{ZY} \pm \Delta_i$（$\Delta_i$ 在切线的顺时针方向为“+”，逆时针方向为“-”）

弦长：$C_i = 2R \cdot \sin \Delta_i$

10 m 整桩点坐标：

$$X_i = X_{ZY} + C_i \cdot \cos \alpha_{ZY-i}$$

$$Y_i = Y_{ZY} + C_i \cdot \sin \alpha_{ZY-i}$$

（3）路线中线路基中平测量

在测定好中桩的路线上进行基平测量，运用路线附近已知水准点，按照附合水准路线的方式，准确测得各导线点的高程。

利用已经过校核的图根导线点上的高程作水准点，准确测得道路各中桩的高程。

绘制路线纵断面图（纵向比例为 1:500，横向比例 1:50）。

（4）横断面测量

在已放样中线的线路上，利用花杆、皮尺等工具测量横断面，在曲线段需用全站仪准确确定横断面大致走向或者与道路中线的夹角,准确测其横断面,并绘制出横断面图(道路宽度 20 m,横向比例尺为 1∶500,纵向比例尺为 1∶50)。

3)四等水准测量

路线:围绕指定校内道路完成一条闭合路线的四等水准测量,路线长度 2 000 m 左右,高程 $H_{校网\text{-}1}=20.000$ m。

要求:视线长度≤100 m,前后视距差≤3.0 m,前后视距累积差≤10.0 m,红黑面读数差≤3 mm,红黑面高差之差≤5 mm,要求 $f_{h容}\leqslant\pm 20\sqrt{L}$ mm 或 $f_{h容}=\pm 6\sqrt{n}$ mm。其中,L 为路线长度,单位为 km,n 为测站数。

注意:水准测量起终点上不放尺垫,中间转点上可放尺垫。

3. 检查与整理测量成果

检查与整理实训成果,完善资料。测量实训数据记录表、地形图和实训报告作为评定实训成绩的重要依据之一。学生必须根据实训的要求逐日认真记录实训中的观测数据,完成心得体会。要求按小组及个人提交实训成果。

(1)小组

各小组完成测量实训数据记录表 1 册、地形图 1 张。小组的测量记录、计算写在《测量实训数据表》中,表格用 A4 纸打印,数据手工填写,装订成册,手绘地形图。记录和上交的表格内容包括:

①封面。

②测区控制导线略图。

③控制点成果表。

④水准测量记录表、水准测量成果计算表。

⑤全站仪测量记录表。

⑥图根导线控制点坐标计算表。

⑦线路中桩计算表,包含直线及曲线中桩计算表。

⑧路线中线路基中平测量记录表。

⑨四等水准测量记录表。

⑩纵、横断面图。

(2)个人

实训结束时,学生应按实训大纲的要求,根据实训日记中所积累的资料,进行全面地分析和总结,及时写出实习报告。实训报告反映学生对实训内容理解的深度,也反映学生分析和归纳问题的能力。报告内容要求如下：

①以某一独立的工作内容为对象，全面地、系统地归纳总结该项活动的体会和收获。

②将测量实训过程进行总结归纳，谈谈这次实习对思想上和业务上的帮助。

③对实训提出建议及需要改进的地方。

④实训报告内容力求字迹工整清晰。《测量综合实训总结》，表格打印，内容手写，独立装订 1 份。总字数应不少于 1 500 字。

成绩考核

1. 归还实训仪器

完成工作内容后，检查是否按要求完成实习任务。实训日期结束时，以小组为单位归还实训仪器，每位学生不得缺席。

2. 成绩评定

考核方式：工程测量实训按一门独立课程考核记分，以实训小组完成资料为考核基础，结合个人总结及实训表现成绩按百分制记分。实训成绩不及格者，必须重新完成。

实训成绩评定方法如下：

①以测绘完成的图纸及实训数据的完整、清晰程度为基础，根据参加实训有无迟到、早退和缺勤，对实训内容总结归纳的系统性、分析问题的全面深入情况，完成实训大纲要求的情况，个人全程操作实验仪器等各方面情况记分，按百分制进行评分。成绩由 4 部分组成，即图纸（40%）+ 实训数据（20%）+ 个人表现（20%）+ 心得体会（20%）。

②未能完成实训大纲的要求，实训期间表现不好，有严重违反组织纪律行为者，成绩评为不及格。

③实训最后一天不得请假。对于学生病事假超过 3 天者，或不听从指导老师实训要求，不能参加考核，其实训成绩按不及格处理。

附　录

实训数据记录表

班　　级：________________________

姓　　名：________________________

学　　号：________________________

小　　组：________________________

组　　员：________________________

日　　期：________________________

指导教师：________________________

附表 1 控制点成果表

日期:______ 天气:______ 班级:______ 组别:______

观测:______ 记录:______ 仪器编号:______

点 号	类 别	等 级	纵坐标 x/m	横坐标 y/m	高程 H/m	备 注

填表说明:点号为导线点的编号,包含支导线点;类别为导线点;等级为图根。

附表 2　水准测量记录表

日期:______________ 天气:______________ 班级:______________ 组别:______________

观测:______________ 记录:______________ 仪器编号:__________

测　点	水准尺读数/m		高差/m		高程/m	备　注
	后视/a	前视/b	+	-		
$\sum$						
计算校核	$\sum a =$　　　　$\sum b =$ $\sum a - \sum b =$ $\sum h =$					

附表3　水准测量成果计算表

日期:＿＿＿＿＿＿　天气:＿＿＿＿＿＿　班级:＿＿＿＿＿＿　组别:＿＿＿＿＿＿

观测:＿＿＿＿＿＿　记录:＿＿＿＿＿＿　仪器编号:＿＿＿＿＿

点　号	测站数	测得高差/m	高差改正数/mm	改正后高差/m	高程/m
$\sum$					
计算校核	$f_h =$		$f_{h容} =$		

附表4 水平角观测记录表

日期:________ 天气:________ 班级:________ 组别:________

观测:________ 记录:________ 仪器编号:________

测 站	目 标	竖盘位置	水平度盘读数/(° ′ ″)	半测回角值/(° ′ ″)	一测回角值/(° ′ ″)	备 注

附表 5　全站仪导线测量记录表

日期:________ 天气:________ 班级:________ 组别:________ 观测:________ 记录:________ 仪器编号:________

测　站	后　视	前　视	仪高 镜高	竖盘 位置	水平度盘读数 /(°　′　″)	竖直度盘读数 /(°　′　″)	竖直角 /(°　′　″)	斜距/m	平距/m	高差/m	*x* 坐标/m	*y* 坐标/m	高程/m	备　注

附表6　导线坐标计算表

日期：＿＿＿＿　天气：＿＿＿＿　班级：＿＿＿＿　组别：＿＿＿＿　观测：＿＿＿＿　记录：＿＿＿＿　仪器编号：＿＿＿＿

点　号	转折角 /(°　′　″)	改正后角值 /(°　′　″)	方位角 /(°　′　″)	边长/m	导线点观测值			改正数			坐标值			备　注
					x/m	y/m	z/m	Δx/m	Δy/m	Δz/m	X/m	Y/m	Z/m	
计算校核	$\sum\beta_{理}$ =				$f_{\beta容}$ =			f_y =			T =			

附表 7　碎部测量(全站仪)记录表

日期：________　天气：________　班级：________　组别：________

观测：________　记录：________　仪器编号：________

测站：			测站高程：			仪器高：	
点　号	水平距离/m	水平角度 /(°　′　″)	备　注	点　号	水平距离/m	水平角度 /(°　′　″)	备　注

附表 8　碎部测量(经纬仪)记录表

日期：________　天气：________　班级：________　组别：________

观测：________　记录：________　仪器编号：________

测站：					测站高程：		仪器高：	
点　号	上丝读数/m	下丝读数/m	中丝读数/m	视距间隔(上－下)/m	竖盘读数/(°　′　″)	竖直角/(°　′　″)	水平距离/m	高程/m	备　注

附表 9 四等水准测量记录表

日期:__________ 天气:__________ 班级:__________ 组别:__________

观测:__________ 记录:__________ 仪器编号:__________

<table>
<tr><th rowspan="4">测站编号</th><th rowspan="4">点号</th><th rowspan="2">后尺</th><th>下丝</th><th rowspan="2">前尺</th><th>下丝</th><th rowspan="4">方向及尺号</th><th colspan="2">水准尺读数</th><th rowspan="4">K+黑-红/mm</th><th rowspan="4">高差中数/m</th><th rowspan="4">备注</th></tr>
<tr><th>上丝</th><th>上丝</th><th rowspan="3">黑面/m</th><th rowspan="3">红面/m</th></tr>
<tr><th colspan="2">后距/m</th><th colspan="2">前视距/m</th></tr>
<tr><th colspan="2">前后视距差/m</th><th colspan="2">积累差/m</th></tr>
<tr><td rowspan="4"></td><td rowspan="4"></td><td colspan="2">(1)</td><td colspan="2">(4)</td><td>后</td><td>(3)</td><td>(8)</td><td>(14)</td><td rowspan="4">(18)</td><td rowspan="4"></td></tr>
<tr><td colspan="2">(2)</td><td colspan="2">(5)</td><td>前</td><td>(6)</td><td>(7)</td><td>(13)</td></tr>
<tr><td colspan="2">(9)</td><td colspan="2">(10)</td><td>后-前</td><td>(15)</td><td>(16)</td><td>(17)</td></tr>
<tr><td colspan="2">(11)</td><td colspan="2">(12)</td><td></td><td></td><td></td><td></td></tr>
<tr><td rowspan="4"></td><td rowspan="4"></td><td colspan="2"></td><td colspan="2"></td><td>后</td><td></td><td></td><td></td><td rowspan="4"></td><td rowspan="4"></td></tr>
<tr><td colspan="2"></td><td colspan="2"></td><td>前</td><td></td><td></td><td></td></tr>
<tr><td colspan="2"></td><td colspan="2"></td><td>后-前</td><td></td><td></td><td></td></tr>
<tr><td colspan="2"></td><td colspan="2"></td><td></td><td></td><td></td><td></td></tr>
<tr><td rowspan="4"></td><td rowspan="4"></td><td colspan="2"></td><td colspan="2"></td><td>后</td><td></td><td></td><td></td><td rowspan="4"></td><td rowspan="4"></td></tr>
<tr><td colspan="2"></td><td colspan="2"></td><td>前</td><td></td><td></td><td></td></tr>
<tr><td colspan="2"></td><td colspan="2"></td><td>后-前</td><td></td><td></td><td></td></tr>
<tr><td colspan="2"></td><td colspan="2"></td><td></td><td></td><td></td><td></td></tr>
<tr><td rowspan="4"></td><td rowspan="4"></td><td colspan="2"></td><td colspan="2"></td><td>后</td><td></td><td></td><td></td><td rowspan="4"></td><td rowspan="4"></td></tr>
<tr><td colspan="2"></td><td colspan="2"></td><td>前</td><td></td><td></td><td></td></tr>
<tr><td colspan="2"></td><td colspan="2"></td><td>后-前</td><td></td><td></td><td></td></tr>
<tr><td colspan="2"></td><td colspan="2"></td><td></td><td></td><td></td><td></td></tr>
<tr><td rowspan="4"></td><td rowspan="4"></td><td colspan="2"></td><td colspan="2"></td><td>后</td><td></td><td></td><td></td><td rowspan="4"></td><td rowspan="4"></td></tr>
<tr><td colspan="2"></td><td colspan="2"></td><td>前</td><td></td><td></td><td></td></tr>
<tr><td colspan="2"></td><td colspan="2"></td><td>后-前</td><td></td><td></td><td></td></tr>
<tr><td colspan="2"></td><td colspan="2"></td><td></td><td></td><td></td><td></td></tr>
<tr><td rowspan="4"></td><td rowspan="4"></td><td colspan="2"></td><td colspan="2"></td><td>后</td><td></td><td></td><td></td><td rowspan="4"></td><td rowspan="4"></td></tr>
<tr><td colspan="2"></td><td colspan="2"></td><td>前</td><td></td><td></td><td></td></tr>
<tr><td colspan="2"></td><td colspan="2"></td><td>后-前</td><td></td><td></td><td></td></tr>
<tr><td colspan="2"></td><td colspan="2"></td><td></td><td></td><td></td><td></td></tr>
</table>

续表

<table>
<tr><td rowspan="4">测站编号</td><td rowspan="4">点号</td><td>后尺</td><td>下丝
上丝</td><td>前尺</td><td>下丝
上丝</td><td rowspan="4">方向及尺号</td><td colspan="2">水准尺读数</td><td rowspan="4">K+黑-红/mm</td><td rowspan="4">高差中数/m</td><td rowspan="4">备注</td></tr>
<tr><td colspan="2">后距/m</td><td colspan="2">前视距/m</td><td rowspan="3">黑面/m</td><td rowspan="3">红面/m</td></tr>
<tr><td colspan="2">前后视距差/m</td><td colspan="2">积累差/m</td></tr>
<tr></tr>
<tr><td rowspan="4"></td><td rowspan="4"></td><td colspan="2"></td><td colspan="2"></td><td>后</td><td></td><td></td><td></td><td rowspan="4"></td><td rowspan="4"></td></tr>
<tr><td colspan="2"></td><td colspan="2"></td><td>前</td><td></td><td></td><td></td></tr>
<tr><td colspan="2"></td><td colspan="2"></td><td>后-前</td><td></td><td></td><td></td></tr>
<tr><td colspan="2"></td><td colspan="2"></td><td></td><td></td><td></td><td></td></tr>
<tr><td rowspan="4"></td><td rowspan="4"></td><td colspan="2"></td><td colspan="2"></td><td>后</td><td></td><td></td><td></td><td rowspan="4"></td><td rowspan="4"></td></tr>
<tr><td colspan="2"></td><td colspan="2"></td><td>前</td><td></td><td></td><td></td></tr>
<tr><td colspan="2"></td><td colspan="2"></td><td>后-前</td><td></td><td></td><td></td></tr>
<tr><td colspan="2"></td><td colspan="2"></td><td></td><td></td><td></td><td></td></tr>
<tr><td rowspan="4"></td><td rowspan="4"></td><td colspan="2"></td><td colspan="2"></td><td>后</td><td></td><td></td><td></td><td rowspan="4"></td><td rowspan="4"></td></tr>
<tr><td colspan="2"></td><td colspan="2"></td><td>前</td><td></td><td></td><td></td></tr>
<tr><td colspan="2"></td><td colspan="2"></td><td>后-前</td><td></td><td></td><td></td></tr>
<tr><td colspan="2"></td><td colspan="2"></td><td></td><td></td><td></td><td></td></tr>
<tr><td rowspan="4"></td><td rowspan="4"></td><td colspan="2"></td><td colspan="2"></td><td>后</td><td></td><td></td><td></td><td rowspan="4"></td><td rowspan="4"></td></tr>
<tr><td colspan="2"></td><td colspan="2"></td><td>前</td><td></td><td></td><td></td></tr>
<tr><td colspan="2"></td><td colspan="2"></td><td>后-前</td><td></td><td></td><td></td></tr>
<tr><td colspan="2"></td><td colspan="2"></td><td></td><td></td><td></td><td></td></tr>
<tr><td rowspan="4"></td><td rowspan="4"></td><td colspan="2"></td><td colspan="2"></td><td>后</td><td></td><td></td><td></td><td rowspan="4"></td><td rowspan="4"></td></tr>
<tr><td colspan="2"></td><td colspan="2"></td><td>前</td><td></td><td></td><td></td></tr>
<tr><td colspan="2"></td><td colspan="2"></td><td>后-前</td><td></td><td></td><td></td></tr>
<tr><td colspan="2"></td><td colspan="2"></td><td></td><td></td><td></td><td></td></tr>
<tr><td rowspan="4"></td><td rowspan="4"></td><td colspan="2"></td><td colspan="2"></td><td>后</td><td></td><td></td><td></td><td rowspan="4"></td><td rowspan="4"></td></tr>
<tr><td colspan="2"></td><td colspan="2"></td><td>前</td><td></td><td></td><td></td></tr>
<tr><td colspan="2"></td><td colspan="2"></td><td>后-前</td><td></td><td></td><td></td></tr>
<tr><td colspan="2"></td><td colspan="2"></td><td></td><td></td><td></td><td></td></tr>
<tr><td rowspan="4"></td><td rowspan="4"></td><td colspan="2"></td><td colspan="2"></td><td>后</td><td></td><td></td><td></td><td rowspan="4"></td><td rowspan="4"></td></tr>
<tr><td colspan="2"></td><td colspan="2"></td><td>前</td><td></td><td></td><td></td></tr>
<tr><td colspan="2"></td><td colspan="2"></td><td>后-前</td><td></td><td></td><td></td></tr>
<tr><td colspan="2"></td><td colspan="2"></td><td></td><td></td><td></td><td></td></tr>
</table>

续表

<table>
<tr><td rowspan="4">测站编号</td><td rowspan="4">点号</td><td rowspan="2">后尺</td><td>下丝</td><td rowspan="2">前尺</td><td>下丝</td><td rowspan="4">方向及尺号</td><td colspan="2">水准尺读数</td><td rowspan="4">K+黑-红/mm</td><td rowspan="4">高差中数/m</td><td rowspan="4">备　注</td></tr>
<tr><td>上丝</td><td>上丝</td><td rowspan="3">黑面/m</td><td rowspan="3">红面/m</td></tr>
<tr><td colspan="2">后距/m</td><td colspan="2">前视距/m</td></tr>
<tr><td colspan="2">前后视距差/m</td><td colspan="2">积累差/m</td></tr>
<tr><td rowspan="4"></td><td rowspan="4"></td><td colspan="2"></td><td colspan="2"></td><td>后</td><td></td><td></td><td></td><td rowspan="4"></td><td rowspan="4"></td></tr>
<tr><td colspan="2"></td><td colspan="2"></td><td>前</td><td></td><td></td><td></td></tr>
<tr><td colspan="2"></td><td colspan="2"></td><td>后-前</td><td></td><td></td><td></td></tr>
<tr><td colspan="2"></td><td colspan="2"></td><td></td><td></td><td></td><td></td></tr>
<tr><td rowspan="4"></td><td rowspan="4"></td><td colspan="2"></td><td colspan="2"></td><td>后</td><td></td><td></td><td></td><td rowspan="4"></td><td rowspan="4"></td></tr>
<tr><td colspan="2"></td><td colspan="2"></td><td>前</td><td></td><td></td><td></td></tr>
<tr><td colspan="2"></td><td colspan="2"></td><td>后-前</td><td></td><td></td><td></td></tr>
<tr><td colspan="2"></td><td colspan="2"></td><td></td><td></td><td></td><td></td></tr>
<tr><td rowspan="4"></td><td rowspan="4"></td><td colspan="2"></td><td colspan="2"></td><td>后</td><td></td><td></td><td></td><td rowspan="4"></td><td rowspan="4"></td></tr>
<tr><td colspan="2"></td><td colspan="2"></td><td>前</td><td></td><td></td><td></td></tr>
<tr><td colspan="2"></td><td colspan="2"></td><td>后-前</td><td></td><td></td><td></td></tr>
<tr><td colspan="2"></td><td colspan="2"></td><td></td><td></td><td></td><td></td></tr>
<tr><td rowspan="4"></td><td rowspan="4"></td><td colspan="2"></td><td colspan="2"></td><td>后</td><td></td><td></td><td></td><td rowspan="4"></td><td rowspan="4"></td></tr>
<tr><td colspan="2"></td><td colspan="2"></td><td>前</td><td></td><td></td><td></td></tr>
<tr><td colspan="2"></td><td colspan="2"></td><td>后-前</td><td></td><td></td><td></td></tr>
<tr><td colspan="2"></td><td colspan="2"></td><td></td><td></td><td></td><td></td></tr>
<tr><td rowspan="4"></td><td rowspan="4"></td><td colspan="2"></td><td colspan="2"></td><td>后</td><td></td><td></td><td></td><td rowspan="4"></td><td rowspan="4"></td></tr>
<tr><td colspan="2"></td><td colspan="2"></td><td>前</td><td></td><td></td><td></td></tr>
<tr><td colspan="2"></td><td colspan="2"></td><td>后-前</td><td></td><td></td><td></td></tr>
<tr><td colspan="2"></td><td colspan="2"></td><td></td><td></td><td></td><td></td></tr>
<tr><td rowspan="4"></td><td rowspan="4"></td><td colspan="2"></td><td colspan="2"></td><td>后</td><td></td><td></td><td></td><td rowspan="4"></td><td rowspan="4"></td></tr>
<tr><td colspan="2"></td><td colspan="2"></td><td>前</td><td></td><td></td><td></td></tr>
<tr><td colspan="2"></td><td colspan="2"></td><td>后-前</td><td></td><td></td><td></td></tr>
<tr><td colspan="2"></td><td colspan="2"></td><td></td><td></td><td></td><td></td></tr>
<tr><td>计算校核</td><td colspan="11">$\sum(9)-\sum(10)=$　　　$\sum[(3)+\sum(8)]-\sum[(6)+\sum(7)]=$
末站(12) =　　　$\sum[(15)+\sum(16)]=$
总视距 = $\sum(9)+\sum(10)=$　　　$2\sum(18)=$</td></tr>
</table>

附表 10　全站仪坐标测设记录表

日期:__________　天气:__________　班级:__________　组别:__________

观测:__________　记录:__________　仪器编号:__________

测　站	后视点	前视点	设计坐标/m		实测坐标/m		偏差值(±)mm	
			X	Y	X	Y	X	Y

附表 11　点位平面测设计算表

日期:____________　天气:__________　班级:____________　组别:__________

观测:____________　记录:__________　仪器编号:________

点　号	设计坐标值				与已知导线的极坐标关系			
	x_1/m		y_1/m		水平距离/m		水平夹角/(°　′　″)	

附表 12　点位平面测设检核表

日期:__________　天气:__________　班级:__________　组别:__________

观测:__________　记录:__________　仪器编号:__________

边　名	设计边长/m	丈量边长/m	相对误差

附表 13 高程测设记录表

日期:__________ 天气:__________ 班级:__________ 组别:__________

观测:__________ 记录:__________ 仪器编号:__________

水准点号	水准点高程/m	后视读数/m	视线高程/m	测设点号	设计高程/m	前视应读数/m	备 注

附表 14 圆曲线测设计算表

元素名称	计算值	元素名称	计算值
JD 桩号		$T=R\tan\frac{\alpha}{2}$	
转折角 α		$L=R\alpha\frac{\pi}{180°}$	
曲线半径 R/m		$E=R\left(\sec\frac{\alpha}{2}-1\right)$	
ZY 点曲线起点桩号		$q=2T-L$	
QZ 点曲线中点桩号			
YZ 点曲线终点桩号			

附表 15 圆曲线详细测设数据

日期:__________ 天气:__________ 班级:__________ 组别:__________

观测:__________ 记录:__________ 仪器编号:__________

点 名	里程桩号	弧长/m	坐标法		偏角法		备 注
			X/m	Y/m	弦长/m	偏角/(° ′ ″)	

附表 16　纵断面测量记录表

日期:__________　天气:__________　班级:__________　组别:__________

观测:__________　记录:__________　仪器编号:__________

测　站	测　点	后视读数/m	中视读数/m	前视读数/m	前后视高差/m	视线高/m	测点高程/m	备　注

附图1 纵断面图

附图 2　横断面图

测量综合实训总结

班　　级：______________________

姓　　名：______________________

学　　号：______________________

小　　组：______________________

组　　员：______________________

日　　期：______________________

指导教师：______________________

参考文献

[1] 陈丽华. 测量学[M]. 杭州:浙江大学出版社,2009.

[2] 陈丽华. 测量学实验与实习[M]. 杭州:浙江大学出版社,2010.

[3] 中国有色金属工业协会. 工程测量规范[S]. 北京:中国计划出版社,2008.

[4] 国家测绘局测绘标准化研究所. 国家三、四等水准测量规范[S]. 北京:中国标准出版社,2009.

[5] 北京综合测绘设计研究院. 城市测量规范[S]. 北京:中国建筑工业出版社,2011.

[6] 孙国芳. 测量学实验及应用[M]. 北京:人民交通出版社,2015.

[7] 兰济昀,宋怀庆,李玉宝. 测量学实验与习题[M]. 成都:西南交通大学出版社,2012.